Alexandre Boissonnas

Rôle de l'Antigène dans l'homéostasie des lymphocytes T périphériques

Alexandre Boissonnas

Rôle de l'Antigène dans l'homéostasie des lymphocytes T périphériques

Rôles physiopathologiques des lymphocytes T

Presses Académiques Francophones

Impressum / Mentions légales
Bibliografische Information der Deutschen Nationalbibliothek: Die Deutsche Nationalbibliothek verzeichnet diese Publikation in der Deutschen Nationalbibliografie; detaillierte bibliografische Daten sind im Internet über http://dnb.d-nb.de abrufbar.

Information bibliographique publiée par la Deutsche Nationalbibliothek: La Deutsche Nationalbibliothek inscrit cette publication à la Deutsche Nationalbibliografie; des données bibliographiques détaillées sont disponibles sur internet à l'adresse http://dnb.d-nb.de.

Coverbild / Photo de couverture: www.ingimage.com

Verlag / Editeur:
Presses Académiques Francophones
ist ein Imprint der / est une marque déposée de
OmniScriptum GmbH & Co. KG
Heinrich-Böcking-Str. 6-8, 66121 Saarbrücken, Deutschland / Allemagne
Email: info@presses-academiques.com

Herstellung: siehe letzte Seite /
Impression: voir la dernière page
ISBN: 978-3-8416-2731-5

THESE DE DOCTORAT DE L'UNIVERSITE PARIS 6

École Doctorale Physiologie-Physiopathologie

Spécialité : Immunologie

Présentée par

Mr Alexandre BOISSONNAS

Pour obtenir le grade de

DOCTEUR de l'UNIVERSITE PARIS 6

Sujet de la thèse :

Rôle de l'Antigène et de sa variabilité dans l'homéostasie des lymphocytes T périphériques.

Sous la direction scientifique du Dr Béhazine Combadière

Soutenue le 15 janvier 2004

Devant le jury composé de :

Président : Catherine SAUTES-FRIDMAN
Rapporteur : Sylvie GUERDER
Rapporteur : Sebastian AMIGORENA
Examinateur : Roland LIBLAU
Examinateur : Antonio FREITAS
Directeur: Brigitte AUTRAN

Laboratoire d'Immunologie Cellulaire
INSERM U543
91 Bd de l'Hôpital
75013 Paris

Abréviations.

Ag : Antigène

AICD : activation induisant la mort cellulaire.

AINR : activation induisant l'absence de réponse

CD : Cluster of Differenciation

CMH I/II : Complexe Majeur d'Histocompatibilité de classe I ou classe II

CPA : Cellule présentatrice d'Antigène

CTL : lymphocyte T cytotoxique

DISC : complexe de signalisation induisant la mort

EAE : Encéphalomyélite Auto-immune Expérimentale

FADD : domaine de mort associé à Fas

FasL : Fas Ligand

HLA : Human Leucocytes Antigen

IFN : interféron

IL : interleukine

ITAM : Immunoreceptor Tyrosine-based Activation Motif

LCMV : Virus de la chorio-méningite lymphocytaire

PBMC : cellules mononuclées du sang

SIDA : Syndrome de l'ImmunoDéficience Acquise

T_{CM} : cellule T mémoire centrale

T_{EM} : cellule T mémoire effectrice

TGF : Tumor Growth Factor

Th1/Th2 : cellule T auxiliaire 1 ou 2

TNF : Tumor Necrosis Factor

TNFR : récepteur au TNF

VIH : Virus de l'Immunodéficience Humaine

Avant-propos.

Le compartiment de lymphocytes T chez l'homme est évalué à environ 10^{12} cellules (10^8 chez la souris) (Bevan and Goldrath, 2000). À l'exclusion des conditions pathologiques, cette valeur reste stable chez les individus, avec une diminution quantitative et un changement qualitatif notables, dus aux phénomènes de vieillissement (Aspinall et al., 2003). Pourtant, cette valeur reflète un compartiment cellulaire qui n'est en aucun cas statique. Durant une période infectieuse, telle l'infection par le virus de la chorio-méningite lymphocytaire (LCMV) chez la souris, le nombre de cellules T CD8 peut atteindre 10^4 fois la valeur de départ avec une quantité de cellules spécifiques des Antigènes (Ags) viraux atteignant plus de 50% des CD8 totaux (Blattman et al., 2002; Butz and Bevan, 1998a; Murali-Krishna et al., 1998b). Quelques mois plus tard, le compartiment lymphocytaire périphérique aura retrouvé sa valeur initiale. Inversement, dans le cas de l'infection par le virus de l'immunodéficience humaine VIH, le développement du virus entraîne une diminution considérable des lymphocytes T CD4. Sous traitement anti-viral, le repeuplement du compartiment de lymphocytes CD4 s'effectue très rapidement (Autran et al., 1997; Li et al., 1998). En dehors des événements extérieurs qui influent considérablement sur cet équilibre, le réservoir de lymphocytes est soumis à un renouvellement constant.

La majorité des lymphocytes T expriment un unique récepteur, le TCR, pour lequel ils ont été sélectionnés au niveau du thymus et qui leur confère une spécificité restreinte à un épitope antigénique dans le contexte d'une molécule du complexe majeur d'histocompatibilité (CMH) donnée. La capacité du système immunitaire à se protéger contre les infections résulte de sa propriété à se préparer à l'inattendu et donc de maintenir une énorme diversité (Bevan and Goldrath, 2000). La variété potentielle des Ags issus des agents pathogènes oblige la population lymphocytaire à maintenir une diversité de l'ordre de 2,5 10^7 pour le compartiment de cellules naïves et beaucoup plus restreinte de 1-2 10^5 pour le compartiment mémoire (Bevan and Goldrath, 2000). De la même façon, cette diversité n'est pas statique et se renouvelle avec l'apport des émigrants thymiques. Chaque jour, le thymus produit 5 10^7 nouvelles cellules T, mais seulement 2% (10^6) quittent le thymus (Scollay et al., 1980) (Kelly et al., 1993). Les 98% restant meurent par apoptose. La stabilité du réservoir périphérique est soumise à un contrôle drastique. L'interaction du TCR avec son ligand, constitué par le couple CMH/peptide, est un des facteurs essentiels dans la vie du lymphocyte aussi bien au cours de la sélection thymique, qu'en périphérie. Il est maintenant admis que la maintenance du réservoir périphérique de lymphocytes T naïfs est un processus actif qui est très dépendant de l'interaction du TCR avec le ligand (Freitas and Rocha, 1999). De même, l'activation des lymphocytes, la prolifération, la différenciation et la mort cellulaire programmée sont des étapes contrôlées à la fois par la quantité et la qualité du signal TCR (Madrenas and Germain, 1996). La survie des cellules T mémoires est nettement moins caractérisée et soumise à de grandes controverses quant à la nécessité de la présence maintenue de l'Ag nominal et même la simple interaction du TCR avec son ligand.

La notion que chaque clone T est spécifique d'un complexe CMH/peptide unique est beaucoup plus complexe. Ce principe apparaît être déjà contredit par l'idée que la sélection positive dans le thymus d'un lymphocyte qui sera spécifique d'un épitope étranger, repose sur la reconnaissance d'un épitope du soi. En effet, le peptide qui aura servi à la sélection positive du lymphocyte T est forcément différent du peptide étranger qui sera responsable de l'induction d'une réponse immune. Au début des années 1990, la capacité des cellules T à répondre à des analogues du peptide agoniste à été décrite par Evavold et col (Evavold and Allen, 1991). Il a pu être montré que l'activation des lymphocytes via le TCR ne suivait pas la loi du tout ou rien, mais induisait de façon différentielle certaines fonctions cellulaires et pas d'autres ou avec une intensité différente que celle observée avec le peptide d'origine. Les termes "peptide agoniste partiel ou faible" sont apparus.

L'ensemble des évènements aboutissant au maintien ou au rétablissement de l'équilibre de la réponse immunitaire des lymphocytes T, contribue à ce que l'on appelle *l'homéostasie lymphocytaire T périphérique.* **(Figure 1)**

Au cours de ma thèse, je me suis intéressé au rôle de l'Ag dans les différentes étapes de la vie des lymphocytes T matures. J'ai cherché d'une part à ré-évaluer la notion de spécificité antigénique par l'étude de la réactivité croisée des lymphocytes T, d'autre part, à mettre en évidence la capacité de modulation de la réponse lymphocytaire grâce à l'utilisation des variants antigéniques. Après une introduction essentiellement tournée sur le rôle de l'Ag dans les différentes étapes de la réponse immune et l'implication physiopathologique des variants antigéniques, je présenterai les résultats que j'ai pu obtenir au cours ces trois années et je discuterai leur impact sur la compréhension de l'homéostasie des lymphocytes T matures.

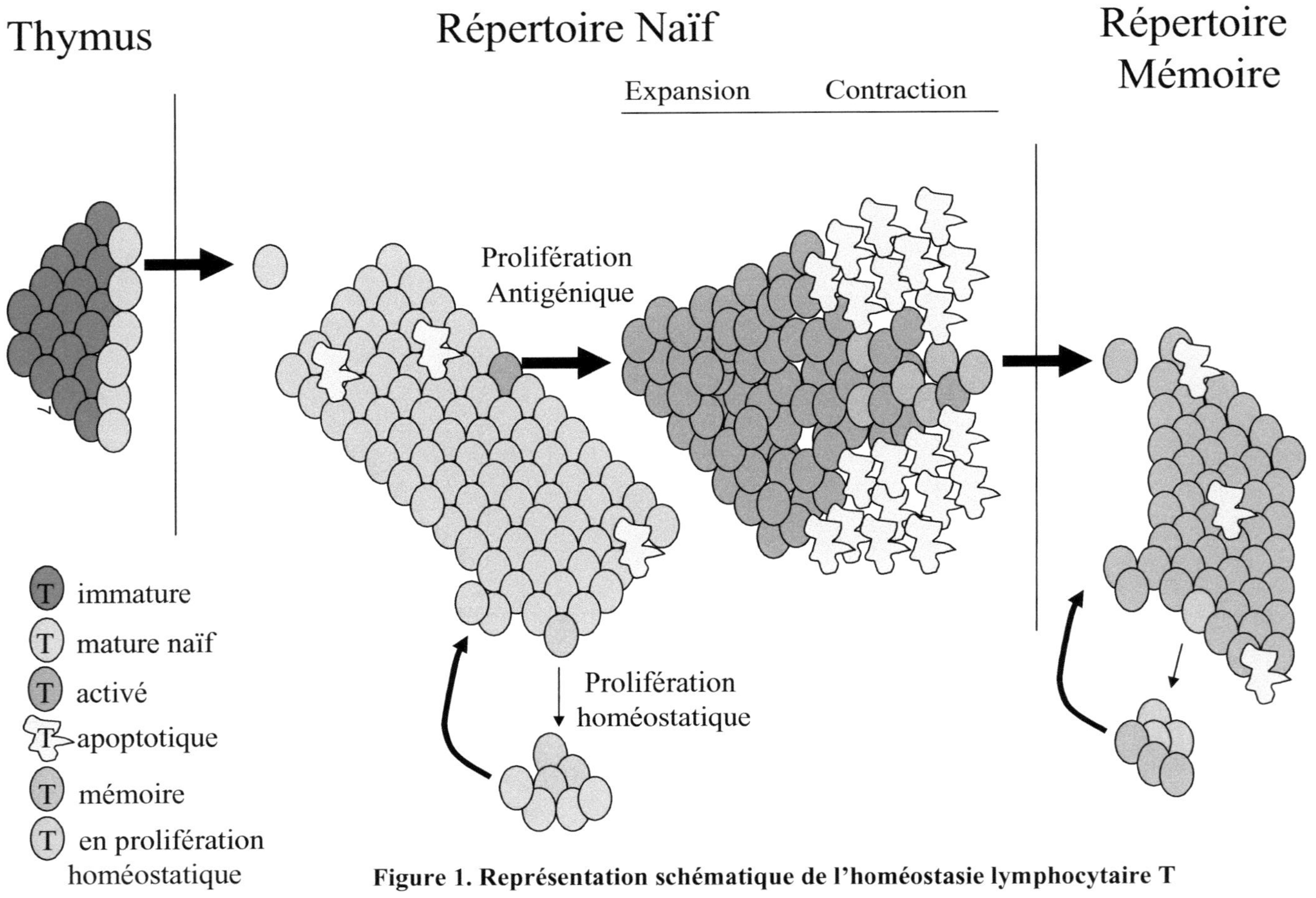

Figure 1. Représentation schématique de l'homéostasie lymphocytaire T

Introduction.

Chapitre I. La reconnaissance antigénique par les lymphocytes T.

La discrimination du soi et du non soi est assurée en partie par les lymphocytes T. Cette discrimination repose sur la reconnaissance par les cellules T de fragments peptidiques présentés par les molécules du complexe majeur d'histocompatibilité (CMH).

Dans ce chapitre, je présenterai les différents acteurs de la reconnaissance antigénique spécifique par les lymphocytes T. Je définirai la notion de variabilité antigénique et finirai par les implications physiopathologiques de cette variation.

1. Le complexe CMH/peptide antigénique.

Le CMH, appelé complexe HLA (Human Leucocytes Antigen) chez l'homme et complexe H-2 chez la souris, est connu pour son rôle central en transplantation clinique et encore pour son association à un grand nombre de pathologies.

Les molécules du CMH sont des glycoprotéines de surface. Ces molécules sont codées par un groupe de gènes très polymorphes situés sur le chromosome 6 chez l'homme et 17 chez la souris. On définit les molécules du CMH de classe I et de classe II, qui sont très proches par leurs structures et par leurs fonctions biologiques (Morrison et al., 1986) **(Figure 2A)**. Les molécules de classe I, ubiquitaires, présentent des peptides issus du cytosol aux lymphocytes T CD8 et servent d'élément de reconnaissance par les cellules NK. Les molécules du CMH de classe II sont exprimées uniquement sur les cellules dites "immunocompétentes" ou cellules présentatrices d'Ag (CPAs), telles que les cellules dendritiques et présentent les peptides issus des compartiments endosomiques aux lymphocytes T CD4 (Germain, 1994).

1.1. Le CMH, Structure moléculaire.

Les molécules de classe I sont constituées par une chaîne α ou "chaîne lourde" (43000 Da) codée dans le CMH, à laquelle s'associe de façon non covalente une petite chaîne peptidique, la β2-microglobuline (12000Da) qui n'est pas codée dans le CMH. La chaîne lourde se subdivise en trois domaines $\alpha 1$, $\alpha 2$ et $\alpha 3$. Le domaine $\alpha 3$ comme la β2-

A **CMH classe I** **CMH classe II**

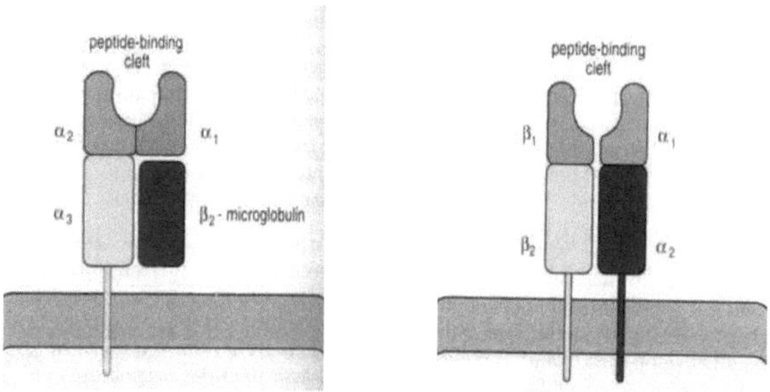

B

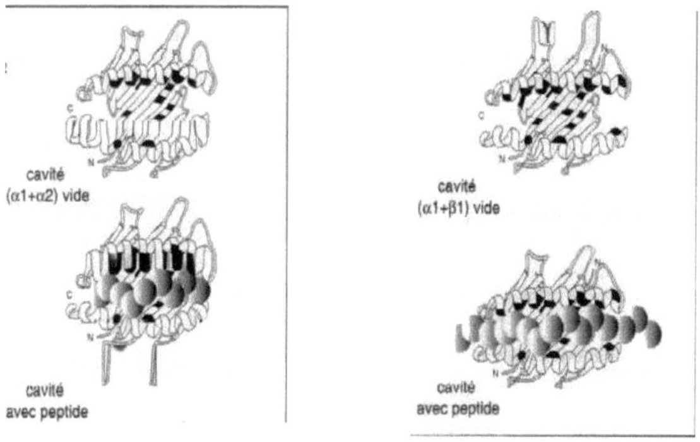

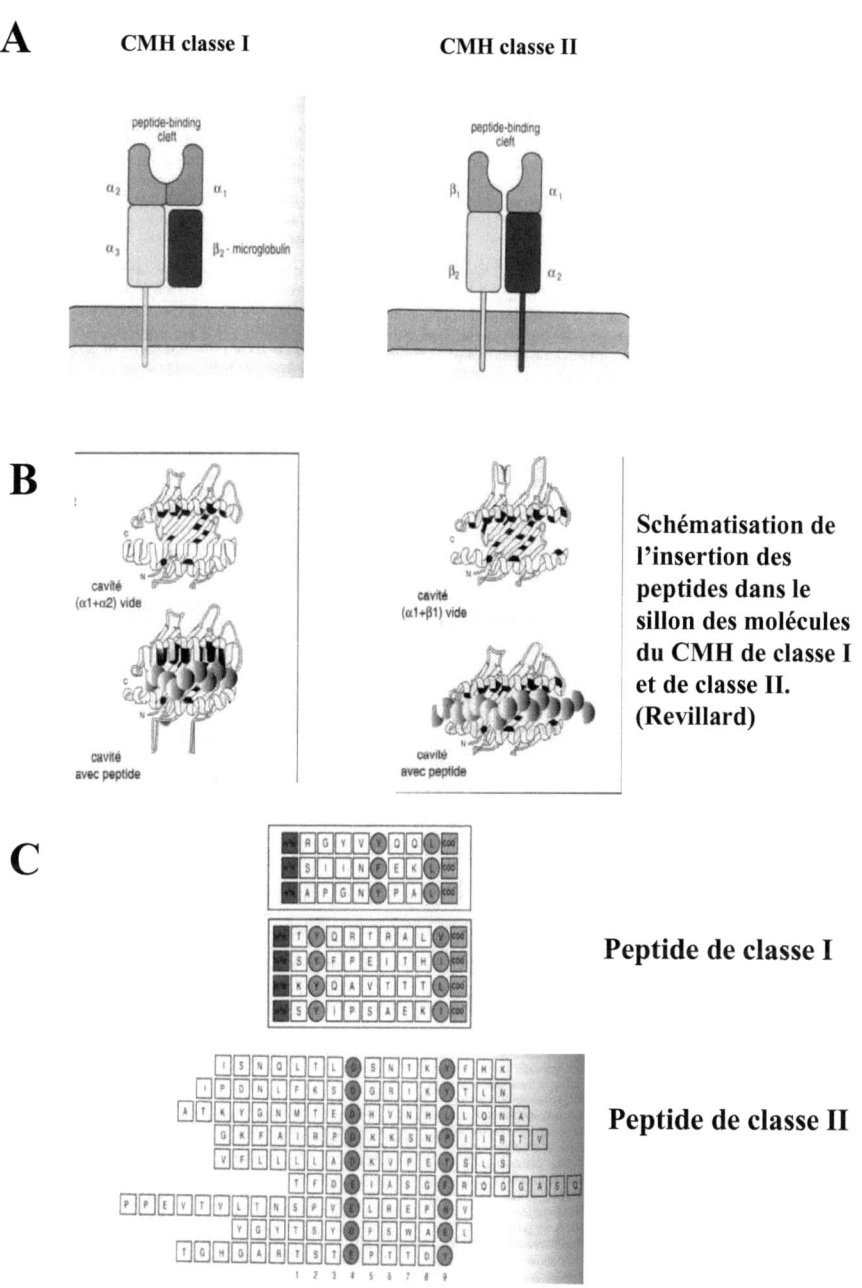

Schématisation de l'insertion des peptides dans le sillon des molécules du CMH de classe I et de classe II. (Revillard)

C

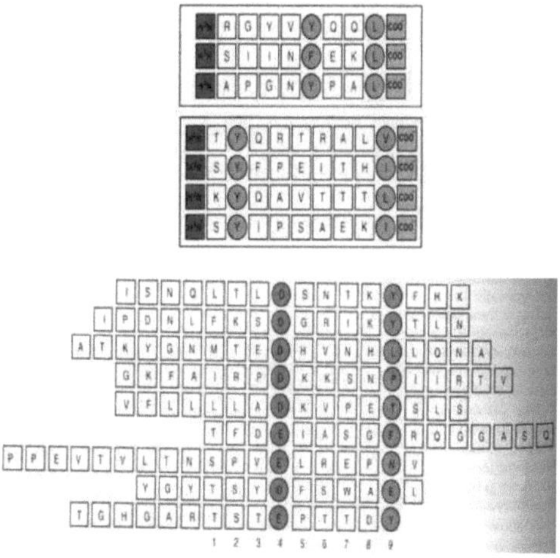

Peptide de classe I

Peptide de classe II

Position des motifs d'ancrages au CMH sur différents exemples de peptides. **(Janeway et Travers; Immunobiology)**

Figure 2.

microglobuline est un domaine de type immunoglobuline et permet l'ancrage de la molécule de classe I à la membrane. Les domaines $\alpha 1$ et $\alpha 2$ s'organisent de façon à former une niche servant de site de liaison aux peptides antigéniques (Madden, 1995) **(Figure 2B)**.

Les molécules du CMH de classe II sont des complexes hétérodimériques non covalents avec une chaîne α (34000 Da) et β (29000 Da) ancrées chacune à la membrane plasmique. Chaque chaîne se subdivise en deux sous-domaines ($\alpha 1$; $\alpha 2$) et ($\beta 1$; $\beta 2$). De façon analogue aux classes I, les domaines $\alpha 2$ et $\beta 2$ sont des domaines immunoglobulines. L'association du domaine $\alpha 1$ et $\beta 1$ constitue le site de liaison du peptide antigénique avec une structure tridimensionnelle très similaire à celle des molécules de classe I **(Figure 2)**.

Une différence importante dans la structure des deux classes de molécules est que les extrémités de la niche peptidique des molécules de classe I sont refermées, alors que celles des molécules de classe II sont ouvertes. Il en résulte une capacité des molécules de classe II à charger dans leur site des peptides beaucoup plus grands que n'en sont capables les molécules de classe I (Rammensee, 1995) **(Figure 2B)**.

1.2. Le peptide antigénique.

Le peptide antigénique fait partie intégrante de la structure des molécules du CMH. Les peptides antigéniques correspondent au produit de dégradation des protéines intra et extra cellulaires. Suivant l'origine, les protéines seront soumises à différentes voies de dégradation protéiques qui généreront des peptides de taille variable, présentés par des molécules du CMH différentes. Les peptides présentés par les molécules de classe I sont constitués de 8 à 10 acides aminés et les peptides présentés par les molécules de classe II de 13 à 17 résidus. Pour potentiellement induire une réponse immune contre une grande variété de pathogènes, les molécules du CMH d'un individu, bien moins diversifiées que les Ags, doivent pouvoir fixer un grand nombre de peptides différents chacune (Rothbard and Gefter, 1991). Cette propriété résulte du fait que les molécules du CMH possèdent des sites de liaison qui sont spécifiques de certains résidus du peptide antigénique, les "motifs d'ancrage", situés à des positions précises. Ces motifs, essentiellement hydrophobes, diffèrent suivant la molécule du CMH, mais sont similaires pour tous les peptides présentés par la même molécule du CMH **(figure 2C)**. Cependant, les peptides pouvant se plier dans le sillon du CMH, cette position peut varier suivant la structure du peptide. La spécificité de la reconnaissance par deux lymphocytes T différents, restreints à la même molécule du CMH, repose donc sur la séquence des résidus en dehors des motifs d'ancrage. Si ces propriétés se vérifient pour les molécules de classe I, elles le sont beaucoup moins pour les molécules de classe II, qui d'après leur structure, autorisent la liaison d'une beaucoup plus grande diversité de peptides. La séquence des peptides en dehors des motifs d'ancrages jouera sur l'affinité de ces peptides pour la molécule du CMH. L'affinité des peptides pour le CMH est souvent corrélée à leur immunogénicité (Sette et al., 1994). Les peptides cryptiques, peu affins pour le CMH, sont non-immunogènes lorsqu'il sont dans leur protéine d'origine, mais peuvent le devenir lorsqu'il sont extraits de leur environnement naturel (Tourdot et al., 2000). La relation entre l'affinité et l'immunogénicité des peptides sera discutée dans l'article 3.

2. La présentation de l'antigène.

2.1. La présentation par les molécules de classe I.

Les molécules de classe I ayant une expression ubiquitaire, l'ensemble des cellules nucléées peuvent présenter l'Ag. Cette présentation, destinée aux lymphocytes T CD8, a pour but de tester l'ensemble des protéines produites dans le cytosol afin de détecter la présence éventuelle d'une protéine d'un agent pathogène à développement intracellulaire tels qu'un virus et un parasite, ou d'une protéine mutée du soi, tel qu'il peut en être le cas lors du développement de cancer. La cellule devient alors la cible des lymphocytes T CD8 cytotoxiques. L'acteur principal de la dégradation des protéines du cytosol est le protéasome (Lehner and Cresswell, 1996; York and Rock, 1996). Ce gros complexe polymérique dégrade les protéines en peptides dont la taille correspond le plus souvent à celle des peptides présentés par les molécules de classe I **(Figure 3)**. Ces peptides sont transportés dans le réticulum endoplasmique par les molécules de transport (TAP-1 et TAP-2) qui auraient une spécificité de taille et de structure pour les peptides (Shepherd et al., 1993). Ces peptides sont ensuite chargés sur les molécules du CMH de classe I à l'aide d'un ensemble de protéines et le complexe peptide/CMH est transporté à la membrane.

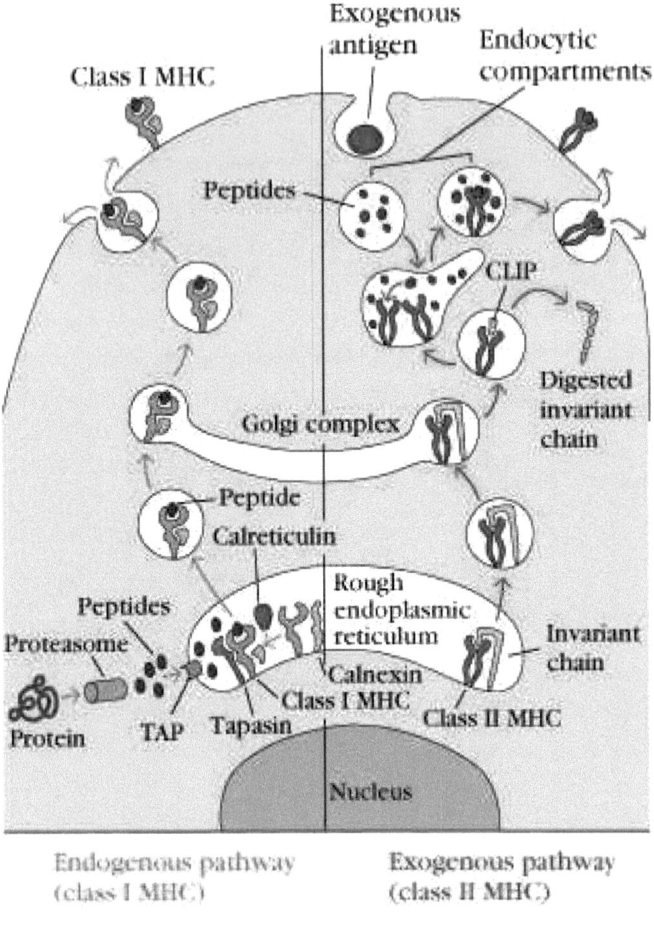

Figure 3. Comparaison des deux voies de présentation antigénique.

2.2. La présentation par les molécules de classe II.

La présentation par les molécules de classe II est destinée aux lymphocytes T CD4. L'expression de ces molécules est beaucoup plus restreinte. Elle concerne essentiellement les CPAs professionnelles : cellules dendritiques, macrophages, lymphocytes B, les cellules T activées chez l'homme, mais aussi les cellules de l'épithélium thymique pour leur rôle dans la sélection thymique. Cependant, l'expression est hautement contrôlée par le facteur de transcription CIITA, fortement sensible à l'interferon-γ (IFNγ), pouvant ainsi induire l'expression des molécules de classe II par différents types cellulaires (Steimle et al., 1994). Les molécules de classe II présentent des peptides antigéniques pouvant provenir de pathogènes qui résident dans des vésicules endoplasmiques, comme les mycobactéries responsables de la tuberculose, ou d'autres protéines extracellulaires ayant été internalisées par ces mêmes vésicules. La dégradation est réalisée par des protéases acides comme les cathepsines. Les molécules de classe II issues du réticulum endoplasmique sont préservées du chargement des peptides cytosoliques par la chaîne invariante. Le complexe classe II/chaîne invariante passe dans la voie des endosomes et la chaîne invariante est dégradée après fusion avec une vésicule de protéases. Ce processus permet aux peptides contenus dans ces vésicules de se lier au CMH de classe II grâce à l'association d'autres molécules (HLA-DM/ H-2M) (Cresswell, 1994). Les molécules de classe II chargées sont ensuite exprimées à la surface cellulaire **(Figure 3)**.

En résumé, les molécules de classe I et II du CMH diffèrent par l'origine et la taille du peptide antigénique qu'elles présentent. Les molécules de classe I présentent des peptides issus de la dégradation de protéines endogènes (cytosol) et les molécules de classe II présentent des peptides issus de la dégradation protéique par les voies endosomales. Certaines cellules présentatrices spécialisées telles les cellules dendritiques ont la capacité de récupérer des fragments antigéniques issus de la dégradation par les endosomes et de les présenter par les molécules de classe I. C'est la présentation croisée (Heath and Carbone, 2001)

3. Le récepteur des cellules T (TCR).

La puissance du système immunitaire est donnée par sa capacité à générer une immense diversité pour la reconnaissance antigénique du non-soi. Cette reconnaissance passe par le TCR. Chaque clone T possède théoriquement un TCR spécifique d'un complexe

CMH/peptide. Ce complexe constitue le ligand du TCR. La diversité du répertoire T est générée durant l'ontogenèse de la même façon que le répertoire B grâce entre autres, à l'action d'enzymes de recombinaison. Afin de limiter la diversité du répertoire périphérique à la reconnaissance des Ags du non soi, le thymus joue un rôle majeur de sélection lors de la maturation des lymphocytes T (von Boehmer et al., 1989).

3.1. Le complexe du récepteur des cellules T : structure moléculaire.

Chaque lymphocyte T exprime environ 30 000 molécules du TCR à sa surface. Le TCR est constitué par deux chaînes glycoprotéiques transmembranaires α et β, liées par un pont disulfure, dont la structure est similaire à celle des fragments Fab des immunoglobulines (Bentley and Mariuzza, 1996). Chaque chaîne se subdivise en un domaine variable qui comprend, le site de liaison au ligand, un domaine constant, et un domaine transmembranaire avec une queue intra-cytoplasmique très courte. Le TCR seul n'est donc pas capable de transmettre un signal après liaison avec son ligand. C'est pourquoi le TCR est associé au complexe CD3 qui prend en charge cette fonction **(Figure 4A)**.
Le complexe CD3 est constitué par deux dimères CD3δε et CD3γε et un dimère TCR ζζ. Ces trois dimères sont associés de façon stable au TCR et sont essentiels pour l'expression du complexe CD3 à la surface cellulaire (Bentley and Mariuzza, 1996). Les molécules du CD3 possèdent un domaine extra cellulaire de type immunoglobuline et un domaine intracellulaire comprenant un motif ITAM (Reth, 1989), intervenant dans la cascade de signalisation par liaison avec une protéine à tyrosine kinase (Fyn, Lck). Les chaînes ζ possèdent trois motifs ITAMs alors que les chaînes δ,ε,γ n'en possèdent qu'un chacune. Les co-récepteurs CD4 ou CD8 qui se lient aussi au CMH sont des protéines membranaires à domaine extracellulaire de type immunoglobuline et dont le domaine intracellulaire fixe une tyrosine kinase (Lck) intervenant dans la cascade de signaux (Barber et al., 1989).

3.2. Diversité et sélection du TCR.

Le système de diversification du TCR repose sur un ajout ou une élimination aléatoire de nucléotides dans le gène des chaînes α et β sélectionnées. Au niveau protéique, cette diversité est concentrée dans la région déterminant la complémentarité CDR3 qui se trouve à la jonction de chacune des deux chaînes α et β interagissant avec la zone du peptide exposée à

A

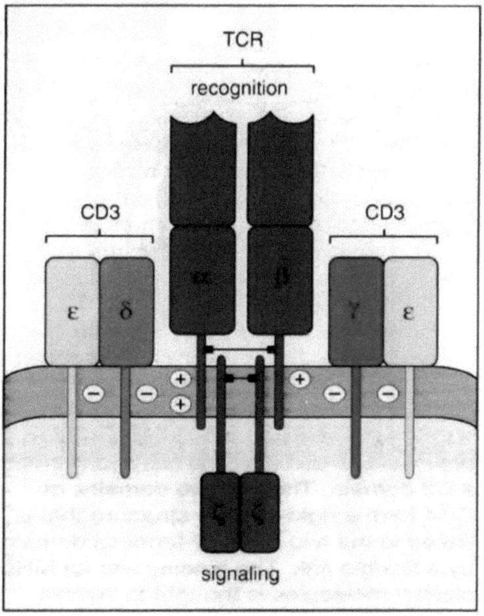

Complexe du récepteur des cellules T
(Janeway et Travers; Immunobiology)

B

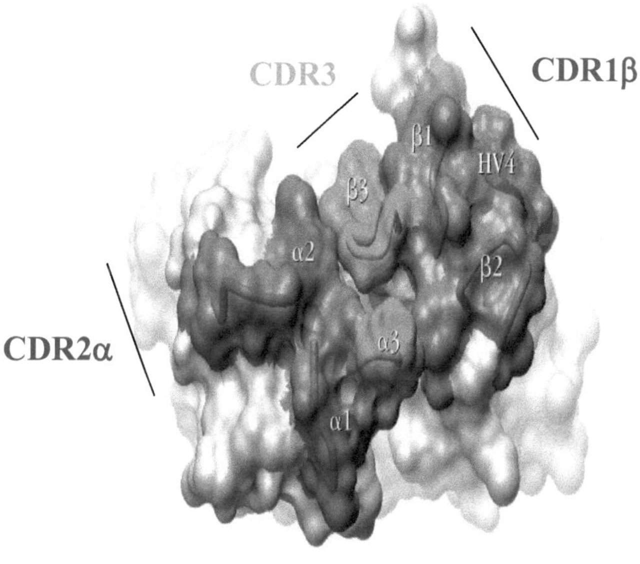

Représentation des régions hyper-variables du TCR

Figure 4.

la surface (Davis and Bjorkman, 1988). Les régions CDR1 et CDR2 sont des régions hyper variables générées lors du réarrangement des chaînes α et β qui interagissent essentiellement avec le CMH et les extrémités du peptide **(Figure 4B)**. Ainsi, des mutations artificielles de ces régions entraînent la modification de la spécificité antigénique (Danska et al., 1990; Engel and Hedrick, 1988). Par ce système de diversification aléatoire, la probabilité de créer un TCR dont la spécificité correspond à un peptide du soi, est significative.

Le thymus a pour fonction de sélectionner les lymphocytes T capables de reconnaître un Ag du non-soi et d'éliminer les T auto réactifs (von Boehmer et al., 1989). L'épithélium thymique exprime l'ensemble des molécules du CMH de classe I et de classe II liées à des peptides du soi. Dans un premier temps, le précurseur T est soumis à une sélection positive qui détermine si le TCR qu'il porte est capable de reconnaître un ligand. L'aptitude à reconnaître un ligand de classe I ou de classe II déterminera le devenir CD4 ou CD8 du lymphocyte (Petrie et al., 1990). Si le TCR n'est pas capable de reconnaître une molécule du CMH alors le lymphocyte est éliminé. Dans un deuxième temps, le lymphocyte est soumis à une sélection négative. Cette étape a pour but d'éliminer celui-ci s'il reconnaît son ligand avec une trop forte affinité, suggérant qu'en périphérie, ce clone T sera susceptible de provoquer une réponse auto-immune. De ce fait, 95% des précurseurs T sont éliminés par apoptose après sélection positive et négative (Strasser, 1995; Surh and Sprent, 1994).

Les mécanismes précis contrôlant la sélection positive et négative dans le thymus sont mal connus. Il semble qu'ils reposent essentiellement sur les différences d'affinité et/ou d'avidité du TCR pour son ligand et des variations dans le seuil d'activation du lymphocyte T au cours de sa maturation (Ashton-Rickardt et al., 1994; Hogquist et al., 1994b; Jameson et al., 1995). Le plus surprenant dans ce mécanisme, est que la sélection du lymphocyte T contre un Ag se fait en absence de cet Ag et repose au contraire sur la base de la reconnaissance du soi. Ce paradoxe montre que la sélection thymique dépend d'un mécanisme très fin, que la spécificité des lymphocytes T n'est que relative et qu'un même TCR peut reconnaître plusieurs peptides antigéniques différents dans le même contexte CMH.

3.3. L'activation lymphocytaire.

Lors de l'interaction des lymphocytes avec les CPAs, il se forme une structure particulièrement organisée et dynamique à l'interface des deux cellules que l'on appelle "synapse immunologique" (Grakoui et al., 1999a) **(Figure 5)**. La synapse a pour but

Distribution des molécules au niveau de la synapse

Contribution des molécules de co-simulation dans l'activation

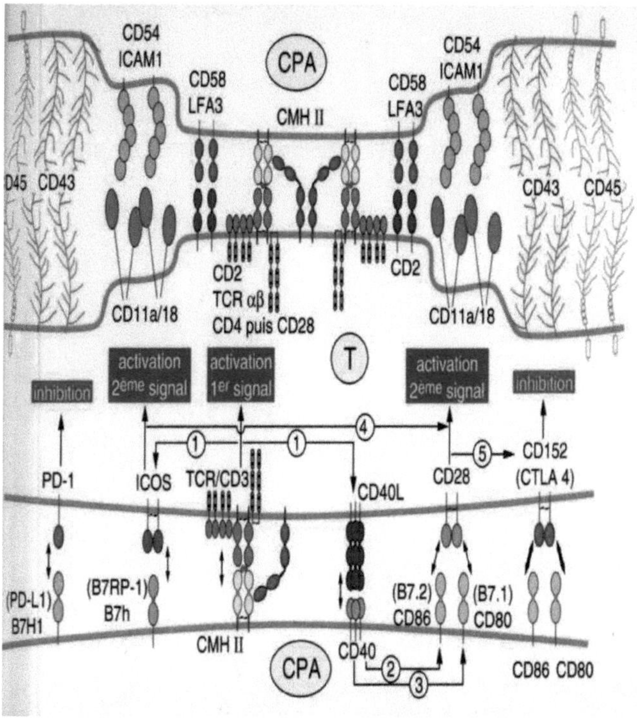

Figure 5. Organisation de la synapse immunologique
(Immunologie, Revillard ; DeBoeck Université)

d'organiser l'ensemble des molécules intervenant dans la reconnaissance antigénique de telle manière qu'elle favorise l'activation lymphocytaire (Dustin and Shaw, 1999; Viola et al., 1999). Ces molécules sont le plus souvent enchâssées au niveau de structures membranaires particulières, les rafts, qui jouent un rôle primordial dans l'organisation de la synapse (Brown, 1998; Silvius, 2003). L'association de ces molécules et des rafts avec les éléments du cytosquelette est responsable de la dynamique de ce système (Al-Alwan et al., 2001). Lors de l'interaction au niveau des CPAs, les molécules du CMH et de co-stimulation s'agrègent rapidement au centre de la synapse tandis que les molécules d'adhésion se mettent en périphérie (Grakoui et al., 1999a; Monks et al., 1998). Il a même été décrit que certaines molécules inhibitrices de l'activation cellulaire, comme le CD45 ou le CD43, pouvaient être exclues de la synapse (Leupin et al., 2000; Sperling et al., 1998). Cette structure très organisée entraîne l'activation des signaux de transduction, incluant la phosphorylation des différents motifs ITAMs du complexe TCR (Weiss and Littman, 1994), ce qui permet le recrutement d'un certain nombre de protéines kinases (ZAP-70, Fyn, lck ; **Figure 6**). Ce recrutement entraîne l'activation en cascade des molécules de signalisation (Phospholipase Cγ, , Diacyl glycerol, inositol triphosphate) permettant la libération de Ca2+ intracellulaire et aboutissant à l'activation de certains facteurs de transcription (NFkB, NFAT, AP-1) (Cantrell, 1996).

Les travaux de Wulfing ont mis en évidence que les molécules du CMH présentant un peptide non spécifique contribuent à l'activation par les cellules T spécifiques lors de l'agrégation au niveau de la synapse (Wulfing et al., 2002). Ce modèle explique qu'un petit nombre de peptides antigéniques présentés à la surface d'une CPA suffit à l'activation sachant qu'il y a environ 100 ligands du TCR pour à peu près 100.000 molécules irrelevantes sur une CPA classique (Demotz et al., 1990; Harding and Unanue, 1990). Une étude a montré que l'activation T nécessite l'engagement de 8000 molécules de TCR (Viola and Lanzavecchia, 1996). De plus, l'hypothèse de "l'engagement en série" décrit qu'une même molécule du CMH peut engager et induire l'internalisation d'environ 200 TCR (Valitutti et al., 1995) ce nombre étant réduit en présence de molécules de co-stimulation (Murtaza et al., 1999) et des co-récepteurs CD4 ou CD8 (Delon et al., 1998). L'engagement de ces mêmes co-récepteurs CD4 (Madrenas et al., 1997) ou CD8 (Renard et al., 1996) en association avec le TCR peut déterminer la nature du signal qu'ils génèrent, complet ou partiel. En effet, le blocage des co-récepteurs lors de l'activation cellulaire par le ligand du TCR génère un signal altéré. De plus, il existe une hiérarchie dans l'internalisation du TCR. Par exemple, la sélection négative et positive dans le thymus (Mariathasan et al., 1998) ainsi que la mise en place de certaines fonctions biologiques (Valitutti et al., 1996) sont en relation directe avec le nombre de TCR

Cascade d'activation des protéines de signalisation intracellulaire

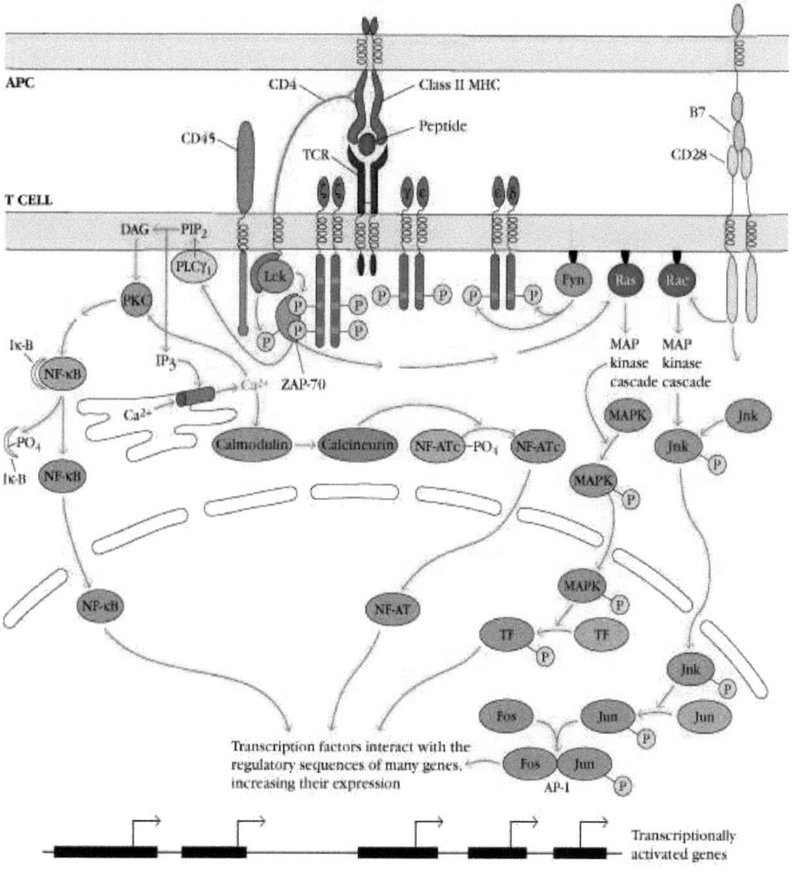

Figure 6.

L'interaction du TCR avec son ligand entraîne la phosphorylation des motifs ITAMs du complexe TCR et l'activation en cascade des protéines de signalisation

internalisés dans la cellule. Ainsi, la diminution de l'affinité du TCR pour son ligand autorise l'engagement efficace de certaines molécules mais le seuil critique nécessaire au signal complet n'est pas atteint. Inversement, une affinité trop importante du ligand pour le TCR augmente le temps de liaison et donc diminue la possibilité d'engagement en série donc l'intensité du signal (Kessler et al., 1997; Valitutti and Lanzavecchia, 1997). La signalisation par le TCR prend donc une dimension à la fois quantitative et qualitative. En effet, la modification de la qualité du signal fait varier la quantité de TCR recrutés ce qui se traduit par des différences qualitatives dans la réponse des cellules T (Racioppi et al., 1993).

4. La Variabilité Antigénique.

La reconnaissance antigénique par un clone T ne peut pas être simplement restreinte à une loi du tout ou rien où le ligand agoniste (l'Ag spécifique) induit les fonctions biologiques et le non-agoniste (Ag non spécifique) n'induit pas de réponse cellulaire. Les termes, agoniste faible, partiel ou antagoniste, correspondant à des variants antigéniques, ont permis de caractériser les subtilités de l'activation des lymphocytes T.

4.1. Définition.

Par définition, le ligand du TCR correspond au couple peptide + CMH. Ainsi, les variants antigéniques sont issus de mutations qui touchent soit le peptide antigénique, soit la molécule du CMH. Ces mutations peuvent affecter la reconnaissance par le lymphocyte T à plusieurs niveaux comme schématisé par la **Figure 7A**. Je discuterai principalement des variants antigéniques qui ont pour origine une modification des résidus contenus dans l'épitope.

Des travaux ont cherché à déterminer la position des résidus favorable à la modification de la nature des peptides antigéniques (Alexander et al., 1993 ; Jameson et al., 1993). Le groupe de P. Allen a été le premier à montrer en 1991 que l'introduction de variations structurelles mineures au niveau du peptide antigénique présenté aux cellules Th2 induisait la production d'interleukine-4 (IL-4) en l'absence de prolifération cellulaire (Evavold and Allen, 1991). Ces travaux ont été rapidement suivis par d'autres modèles lymphocytaires CD4 et CD8 où l'existence de mutations du peptide original entraînait la perte sélective de certaines fonctions cellulaires : prolifération (Sloan-Lancaster et al., 1994a),

Influence des ligands variants du TCR sur l'activation cellulaire

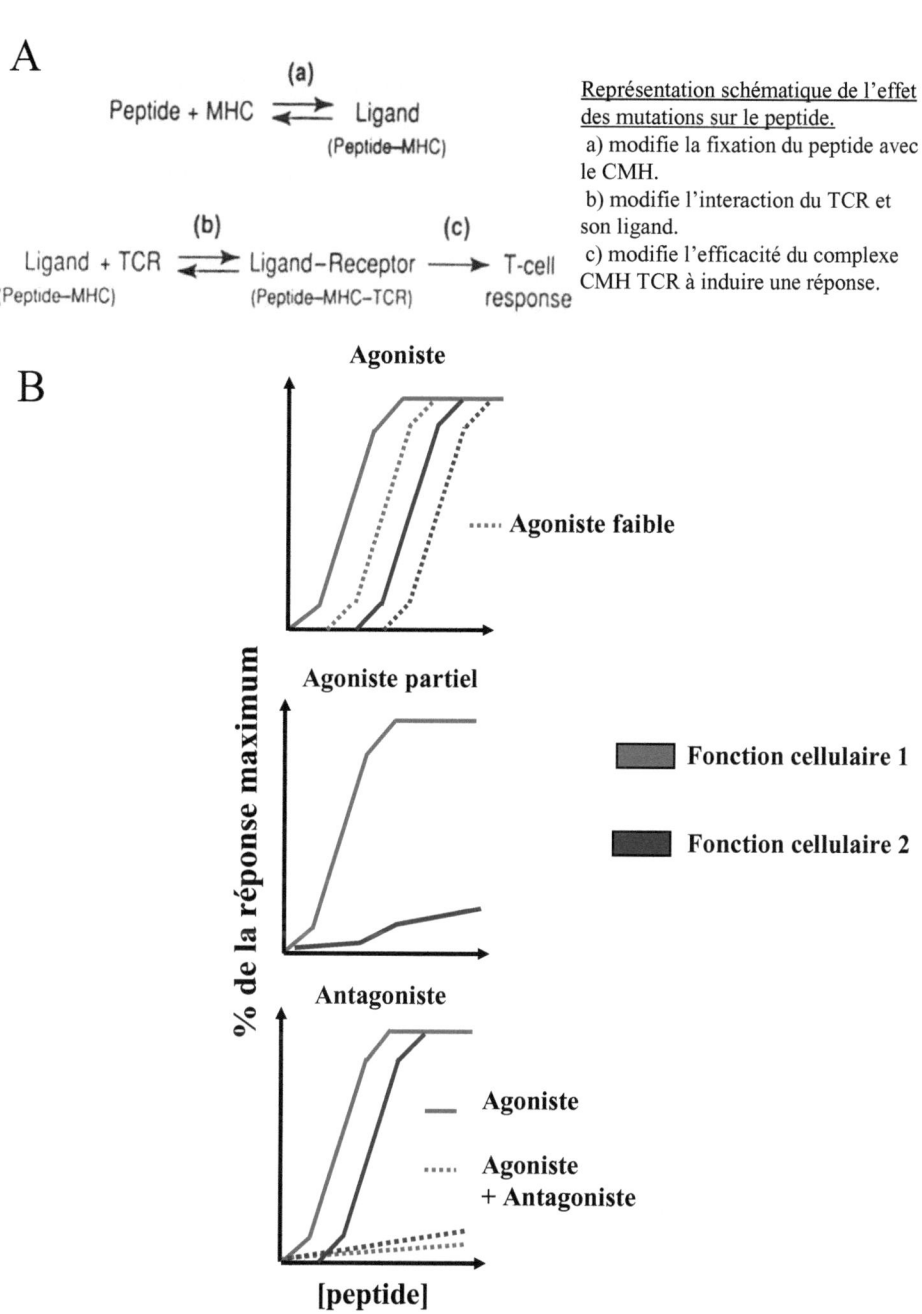

A

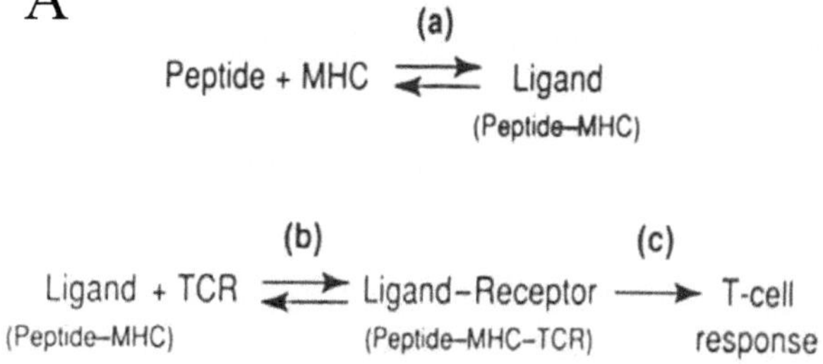

<u>Représentation schématique de l'effet des mutations sur le peptide.</u>
a) modifie la fixation du peptide avec le CMH.
b) modifie l'interaction du TCR et son ligand.
c) modifie l'efficacité du complexe CMH TCR à induire une réponse.

B

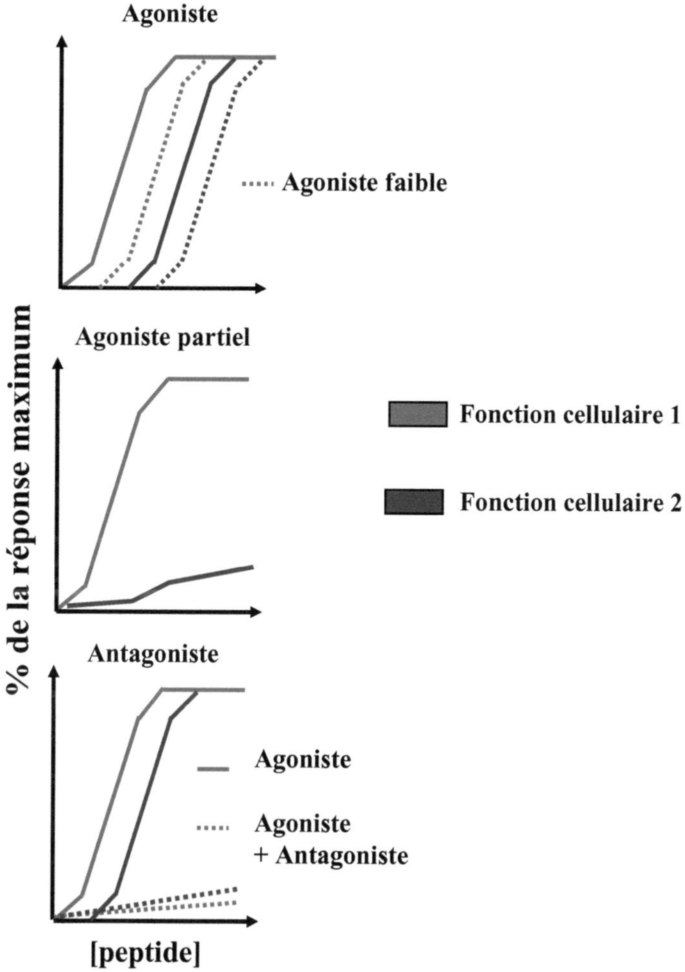

Figure 7.

production d'IL-2 (Madrenas et al., 1996), fonctions cytotoxiques (Reis e Sousa et al., 1996), apoptose (Combadiere et al., 1998a).

Les mutations des résidus qui sont responsables de la liaison avec le CMH entraînent une modification de l'affinité pour la molécule du CMH mais ne jouent pas sur la qualité du signal au TCR. L'ajout simple d'une tyrosine à l'extrémité N-terminale des peptides s'est montré très efficace dans l'augmentation de leur affinité pour les molécules de classe I (Tourdot et al., 2000).

Enfin, il est possible que certaines mutations qui touchent la molécule du CMH au niveau des sites d'interaction avec le TCR puissent modifier la signalisation et générer une activation partielle (Madrenas et al., 1995; Maeurer et al., 1996; Racioppi et al., 1993).

4.2. Caractérisation des variants antigéniques.

Les peptides variants sont définis suivant le profil des fonctions lymphocytaires mises en place **(Figure 7B)**. Théoriquement, la caractérisation des variants antigéniques se fait par comparaison avec le peptide nominal. Cette comparaison n'est alors permise que si l'affinité des différents peptides pour le CMH est identique et doit être réalisée sur un ensemble de fonctions cellulaires induites en fonction de la dose d'Ag.

Le peptide agoniste induit la totalité des fonctions lymphocytaires. Il peut être représenté entre autres, par le peptide immunogène sélectionné lors de la réponse immune.

Les agonistes faibles induisent l'ensemble des fonctions induites par l'agoniste, mais nécessitent de plus fortes concentrations pour obtenir la même intensité de réponse.

Les agonistes partiels stimulent certaines fonctions cellulaires et pas d'autres. Un agoniste est partiel si une des fonctions cellulaires est indétectable ou si l'intensité de la réponse n'atteint pas le plateau de la réponse induite normalement par l'agoniste. Ainsi, ils se définissent sur la comparaison de l'induction d'au moins deux fonctions cellulaires.

Par analogie, les agonistes forts, nécessitent des concentrations plus faibles de peptides.

Les peptides antagonistes ont pour faculté d'inhiber la réponse biologique induite par l'agoniste.

Enfin le terme de non-agoniste permet de définir un peptide analogue qui se fixe à la molécule du CMH mais qui n'induit aucune fonction cellulaire détectable.

Il est évident que cette classification n'est significative que lorsque les variants sont testés vis-à-vis d'un même clone lymphocytaire. En effet, si un peptide a un effet antagoniste sur un clone, il peut avoir un effet différent sur un autre clone, même si la spécificité antigénique des deux clones est identique (Jameson et al., 1993).

4.3. Mode d'action.

Les différentes propriétés de ces variants antigéniques sont la résultante d'une modification de l'affinité et de l'avidité du ligand CMH/peptide pour le TCR.
L'activation présente un continuum dans la diversité d'induction des fonctions cellulaires, avec l'agoniste complet à un extrême et l'antagoniste à l'autre et entre les deux, toutes les possibilités de réponses partielles (Evavold et al., 1993; Rabinowitz et al., 1996). Trois modèles permettent d'expliquer cette variabilité dans la signalisation **(Figure 8)** (Madrenas and Germain, 1996). 'Le modèle conformationnel', basé sur une altération de la conformation du TCR responsable d'un signal différent. 'Le modèle architectural', qui repose sur une perturbation dans l'arrangement moléculaire précis des protéines de membranes impliquées dans la signalisation. Enfin, 'le modèle cinétique', basé sur une altération de la cinétique d'interaction du TCR et de son ligand et donc une modification de l'avidité **(Figure 8)**.

L'hypothèse de la modification conformationnelle repose sur l'observation que l'association physique du peptide au CMH de classe I induit des variations légères de sa conformation tridimensionnelle et que ces modifications peuvent avoir un effet sur la reconnaissance par le TCR. L'identification d'un agoniste partiel dont la substitution concerne un résidu enfoui dans la niche du CMH de classe I et qui par conséquent ne peut intervenir que par la modification de la conformation du ligand du TCR, a conforté ce modèle (Cao et al., 1995). Cependant, sachant que le changement de conformation peut affecter le recrutement des différents éléments du complexe TCR et donc modifier la cinétique d'engagement de celui-ci avec l'Ag, les trois modèles ne sont pas exclusifs. L'équilibre de ces différents paramètres explique la diversité des signaux générés par les variants.

La description d'un profil de phosphorylation altéré des différents acteurs du complexe TCR est associée à l'anergie ou l'activation partielle des cellules T (Madrenas et al., 1995; Sloan-Lancaster et al., 1994b). Dans ces études, l'activation par des ligands partiels ou antagonistes de clone CD4 Th1 révèle une phosphorylation des motifs ITAMs de la chaîne ζ du complexe TCR, différente de celle observée avec l'agoniste et qui associe un défaut de recrutement de la protéine kinase zap-70 **(Figure 9)**. Cette différence est bien qualitative et non quantitative. Cependant, l'activation par un agoniste partiel responsable de l'anergie est

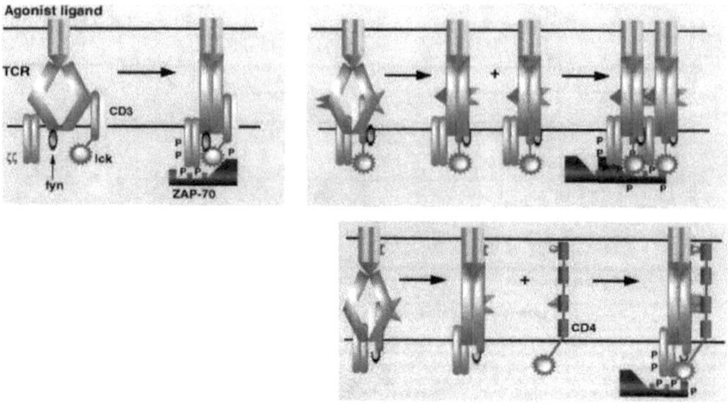

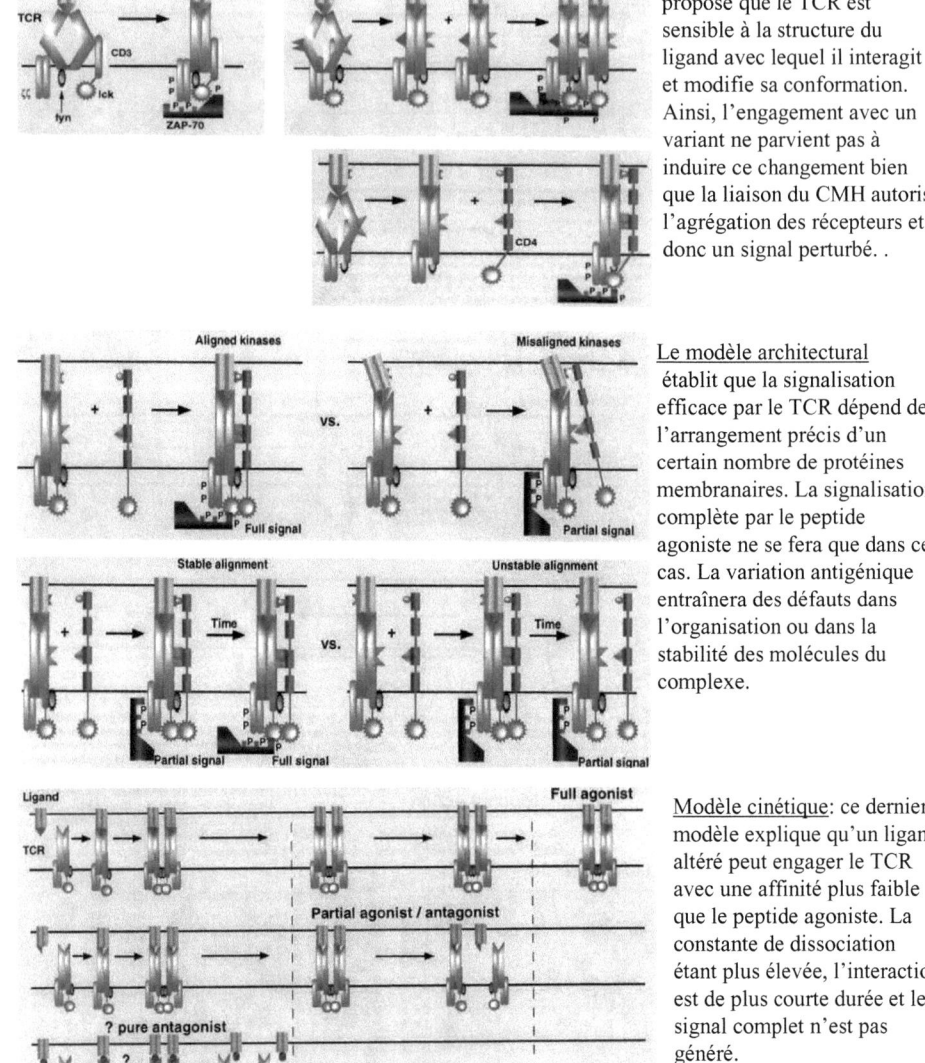

Le modèle conformationnel propose que le TCR est sensible à la structure du ligand avec lequel il interagit et modifie sa conformation. Ainsi, l'engagement avec un variant ne parvient pas à induire ce changement bien que la liaison du CMH autorise l'agrégation des récepteurs et donc un signal perturbé. .

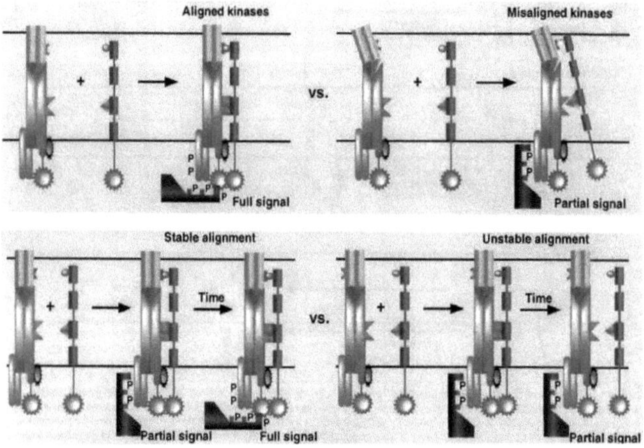

Le modèle architectural établit que la signalisation efficace par le TCR dépend de l'arrangement précis d'un certain nombre de protéines membranaires. La signalisation complète par le peptide agoniste ne se fera que dans ce cas. La variation antigénique entraînera des défauts dans l'organisation ou dans la stabilité des molécules du complexe.

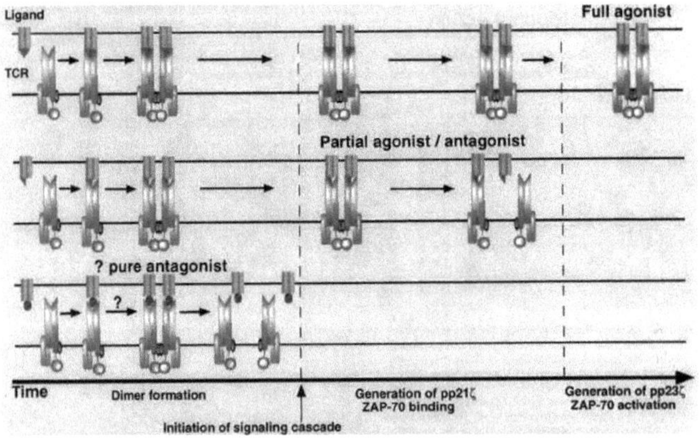

Modèle cinétique: ce dernier modèle explique qu'un ligand altéré peut engager le TCR avec une affinité plus faible que le peptide agoniste. La constante de dissociation étant plus élevée, l'interaction est de plus courte durée et le signal complet n'est pas généré.

Figure 8.
Différents modèles de l'activation cellulaire.
Implication dans le mode d'action des variants (Germain et col, 1995)

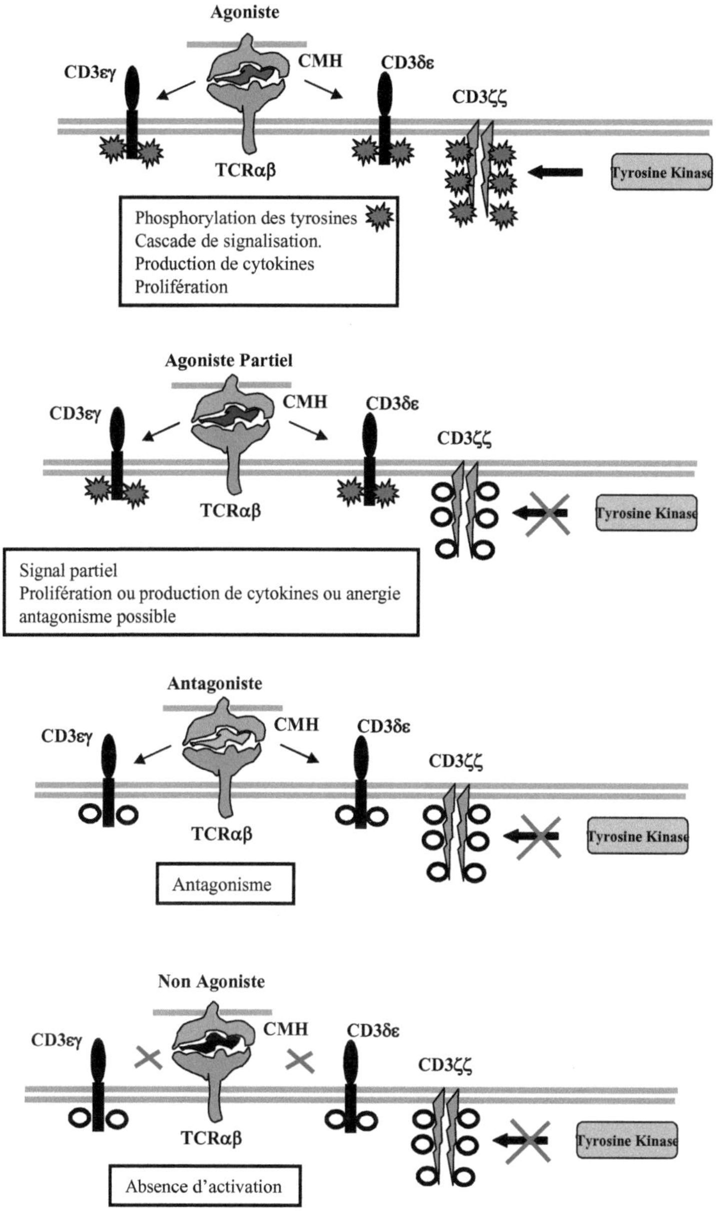

Figure 9.
Représentation schématique de la phosphorylation des motifs ITAMs du complexe TCR par les variants peptidiques. (selon Evavold et col, 1993)

semblable à l'activation par l'agoniste en l'absence de co-stimulation. Pour les deux, l'anergie est corrélée à l'absence d'induction de la production d'IL-2 et non pas au phénomène précoce de signalisation (Madrenas et al., 1996).

La première description d'un antagoniste d'origine synthétique par De Magistris et col (De Magistris et al., 1992), montrait que la substitution d'un résidu du peptide antigénique de classe II à une position précise, était responsable de l'inhibition de la réponse du clone T lorsque celui ci était introduit simultanément avec l'agoniste dans le milieu de culture. Rapidement ces résultats ont pu être étendus aux peptides de classe I par l'identification de plusieurs variants d'un même épitope capables d'inhiber la cytolyse, la sécrétion des sérines estérases, la production de cytokines et la mobilisation du $Ca2+$ intracellulaire (Jameson et al., 1993; Reis e Sousa et al., 1996). L'action antagoniste ne résulte pas d'une compétition des différents peptides pour la molécule du CMH. En effet, les travaux persuasifs de Evavold et col montrent que certains variants sont capables d'antagoniser la stimulation induite par un super Ag alors que leur site de liaison respectif est différent (Evavold et al., 1994). Par contre, il n'est encore pas très clair si ces peptides induisent un signal négatif propre au niveau du TCR ou s'ils n'induisent qu'un signal partiel mettant la cellule dans un état anergique (Reis e Sousa et al., 1996; Sloan-Lancaster and Allen, 1995).

4.4. Propriété de la réactivité croisée du TCR.

L'apport des ligands variants du TCR implique de réévaluer la notion de spécificité du TCR et du principe simple qu'un clone T est spécifique d'un peptide antigénique unique. La réactivité croisée, caractérisée depuis les années 70, est ainsi définie comme l'aptitude d'un lymphocyte T à répondre à plusieurs ligands différents **(Figure 10A)** (Birnbaum et al., 1974; Effros et al., 1977). Cette propriété est une nécessité si l'on considère qu'il y a potentiellement bien plus d'épitopes étrangers qu'une souris n'a de cellules T. Ceci témoigne de la dégénérescence du TCR et explique la capacité de celui-ci à reconnaître des variants antigéniques. En l'absence de cette propriété, le répertoire lymphocytaire minimum pour répondre à l'ensemble des Ags nécessiterait chez la souris, un système lymphoïde 70 fois plus large (Mason, 1998) **(Figure 10B)**. Il faut aussi considérer que plusieurs clones différents peuvent posséder la même spécificité. La réactivité croisée dans un contexte oligoclonal est donc nettement plus complexe car chaque clone ne possèdera pas la même dégénérescence. Si

A

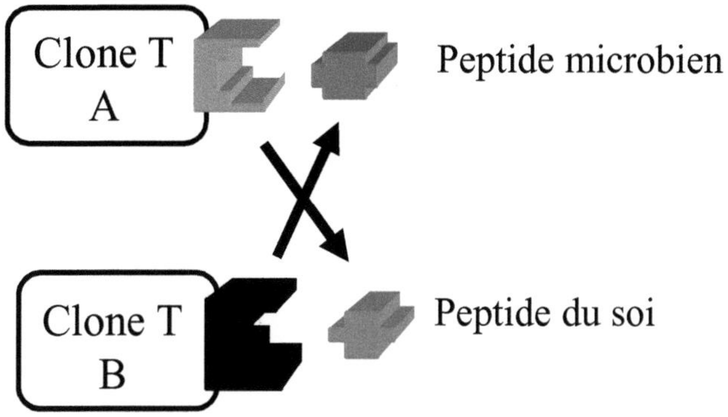

Principe de la réactivité croisée

B

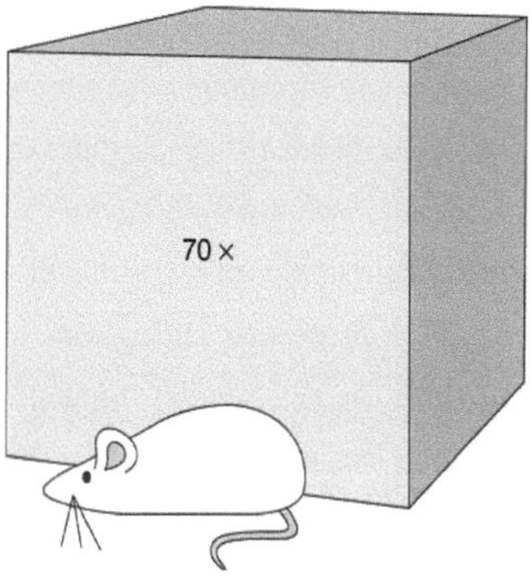

Représentation du volume nécessaire au système lymphatique si les lymphocytes T étaient monospécifiques
(Mason, 1998)

Figure 10

la dégénérescence est importante, théoriquement jusqu'à 10^6 complexes peptide/CMH différents pour un même TCR, elle n'est pas illimitée (Sant'Angelo et al., 1997).

5. Implications Physiopathologiques.

L'implication physiopathologique de la variation antigénique et de la réactivité croisée n'est plus à démontrer. Comme évoqué précédemment, le ligand du TCR contrôle toutes les étapes de développement des lymphocytes. La modulation de l'interaction du TCR et de son ligand par les variants antigéniques apporte une finesse considérable dans la réponse cellulaire T et devrait être capable de modifier le comportement des cellules T in vivo.

5.1. Contexte physiologique.

L'exemple de la sélection thymique illustre comment la signalisation par un même TCR peut aboutir soit à la sélection positive suivie d'une prolifération, soit à la sélection négative entraînant l'apoptose (Ashton-Rickardt et al., 1994; Jameson et al., 1995). La reconnaissance de l'Ag doit être à la fois spécifique et dégénérée (Fukui et al., 2000). Ainsi, des analogues de peptides antigéniques mimés par des peptides du soi pourraient expliquer les mécanismes de la sélection. Certains travaux ont pu montrer que des peptides antagonistes d'un lymphocyte T mature permettraient la sélection positive dans le thymus (Hogquist et al., 1994b) ou encore que l'utilisation d'un peptide antagoniste inhibait la sélection négative (Williams et al., 1996). Le contrôle de la sélection thymique repose, d'une part sur un équilibre entre un signal agoniste et antagoniste (Hogquist et al., 1994a; Williams et al., 1997), d'autre part sur la variation du seuil de sensibilité d'un lymphocyte T au cours de sa maturation (Dautigny and Lucas, 2000; Lucas et al., 1999). Ainsi, le seuil d'activation d'un lymphocyte T mature serait nettement plus élevé que celui nécessaire à sa sélection positive dans le thymus. Au niveau du lymphocyte T mature, l'intervention des analogues d'Ag pourrait avoir lieu dans le maintien homéostatique des lymphocytes naïfs et mémoires. En effet, le même peptide ayant servi à la sélection positive thymique pourrait être responsable en périphérie de la prolifération homéostatique et de la survie du clone T (Ernst et al., 1999). De la même façon, la persistance de la mémoire en l'absence d'Ag, décrite par Tanchot et col (Tanchot et al., 1997), pourrait résulter de la constante activation partielle des lymphocytes T mémoires par un peptide du soi analogue de l'Ag, capable de générer un signal de survie et une prolifération homéostatique.

Inversement, la capacité anergique de certains variants, évoquée précédemment, peut avoir un rôle dans les phénomènes de tolérisation périphérique (Madrenas et al., 1996; Sloan-Lancaster et al., 1993).

De plus, il a été décrit des variants capables d'induire de manière sélective la mort cellulaire par apoptose des lymphocytes Th1 activés, en l'absence de production de cytokines telles que l'IL-2, l'IL-3 et l'IFNγ. Cette sélectivité aurait pour but l'élimination de cellules T auto-réactives, sans induire la production paradoxale de médiateurs de l'inflammation, responsables de nécrose au niveau du foie (Combadiere et al., 1998a).

5.2. Contexte pathologique.

Un contexte pathologique dans lequel la variation antigénique a une implication majeure, dont je discuterai de façon plus approfondie dans de l'article n°3, est celui de l'infection virale. Sous la pression de sélection, les agents pathogènes adoptent diverses stratégies d'échappement à la réponse immune. La variation des épitopes immunogènes en est une pour saboter l'étape la plus critique dans l'activation T : la reconnaissance de l'Ag par le TCR (Davenport, 1995; Franco et al., 1995) **(Figure 11)**. Le cas du virus de la grippe en témoigne et celui de l'immunodéficience humaine (VIH) est le plus éloquent, sachant que ce virus génère jusqu'à 10^5 variants par jour. De la même façon, les mutations peuvent toucher les résidus reconnus par le TCR (Pircher et al., 1990) ou les résidus d'ancrage au CMH, décrit par exemple dans le virus d'Epstein Barr (de Campos-Lima et al., 1993). L'association de ces mutations à la capacité d'échappement à la réponse immune vient de la caractérisation de variants viraux naturels, capables d'inhiber les réponses cytotoxiques lors de l'infection par le virus de l'hépatite B (Bertoletti et al., 1994) ou par le VIH (Klenerman et al., 1994). Dans le modèle du LCMV chez la souris, des mutations affectant la reconnaissance d'épitopes CD4 (Ciurea et al., 2001) et CD8 (Pircher et al., 1990), ont pu être décrites. Après cela, l'identification de mutations touchant diverses protéines virales s'est considérablement élargie. La propriété antagoniste des nouveaux variants est d'autant plus néfaste qu'elle confère une protection concomitante au virus sauvage. De plus, l'une des causes majeures d'échecs des thérapies antivirales utilisées dans le cas du VIH, est l'apparition de mutants résistants aux drogues (Gu et al., 1992).

Cependant, il a été montré que le répertoire CTL avait des capacités remarquables d'adaptation à la survenue des mutants (Haas et al., 1996). Je discuterai plus loin des

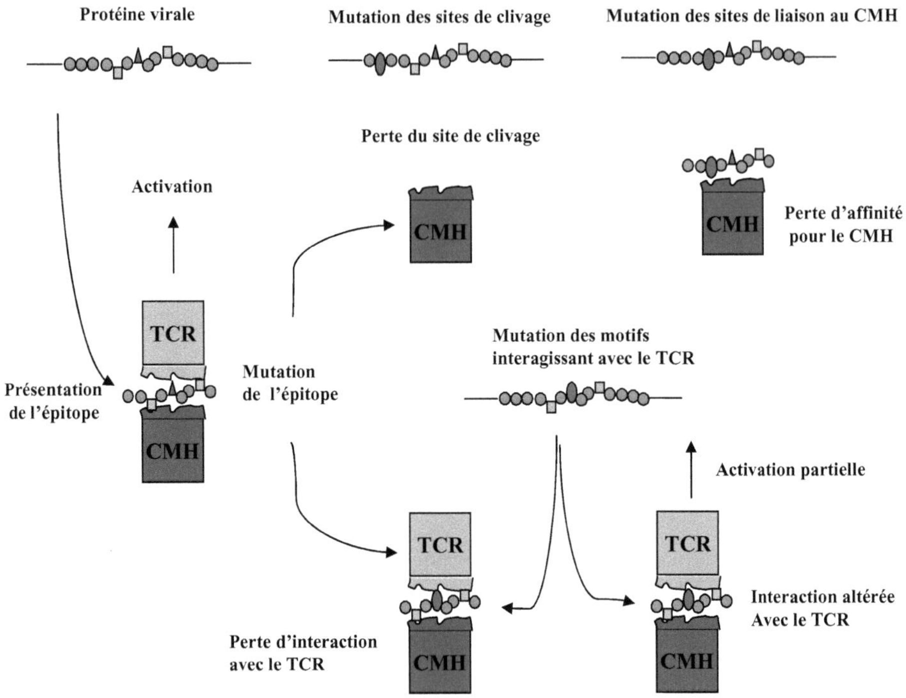

Figure 11
Mécanismes d'échappement viral à la réponse immune par mutation des épitopes (Davenport 1995).

avantages et des inconvénients de cette adaptation, ainsi que de l'implication de la variation dans les stratégies vaccinales.

La démonstration d'une association étroite entre certaines formes alléliques du CMH et la susceptibilité aux maladies auto-immunes (Schlosstein et al., 1973) a lancé une vaste série d'hypothèses (Todd et al., 1988) dont une suggère que des lymphocytes T auto-réactifs ont une réactivité croisée entre un Ag, issu d'une infection, et un peptide du soi (Tian et al., 1994; Wucherpfennig and Strominger, 1995). Il a plus récemment été mis en évidence que cette réactivité croisée pouvait avoir lieu même entre des peptides n'ayant aucune homologie structurale (Martin et al., 2001).

Si la dégénérescence du TCR peut être responsable de pathologies auto-immunes, il n'a pas échappé que les propriétés physiologiques des antagonistes pouvaient être des outils considérables dans les stratégies de traitement (Fairchild et al., 1994). Sur cette idée, plusieurs groupes ont démontré l'efficacité du traitement de l'encéphalomyélite auto-immune expérimentale (EAE) chez la souris, par l'utilisation de variants d'un épitope encephalitogène seul (Smilek et al., 1991; Wraith et al., 1989), ou en cocktail (Franco et al., 1994). Chez l'homme, les essais de phase II de traitement, utilisant un variant d'un épitope de la protéine basique de la myéline, n'ont pas permis d'améliorer la pathologie et trois patients traités ont accentué leurs symptômes (Bielekova et al., 2000). L'intérêt des variants a pu être prouvé dans d'autres modèles tels que la myasthénie auto-immune expérimentale (Katz-Levy et al., 1993) ou l'arthrite (Wauben et al., 1992). L'efficacité des variants ne résulte pas forcément du blocage complet des clones auto-immuns impliqués mais peut provenir d'un changement de la polarisation de la réponse immune, cette dernière étant responsable de la susceptibilité à la pathologie. L'affinité plus faible des ligands variants pour le TCR a été démontrée dans un modèle d'EAE, comme responsable d'une déviation de la réponse Th1 vers Th2 (Pfeiffer et al., 1995; Windhagen et al., 1995). De plus, le variant peut avoir un impact sur la production de cytokines par la CPA même (Matsuoka et al., 1996). Inversement, la déviation de la réponse immune Th2 vers Th1, à l'aide des variants antigéniques, a trouvé un intérêt considérable dans le cas de la prévention des souris sensibles aux infections par le parasite *Leishmania* (Pingel et al., 1999).

Il apparaît évident que les variants modifient le comportement des cellules T in vivo. La nature du ligand que va rencontrer la cellule T tout au long de sa vie va déterminer son devenir ultérieur. Malheureusement, l'utilisation des variants se trouve confrontée à plusieurs limites. Notamment, celle de contrer un clone T par l'utilisation d'un variant dans le cas où la diversité des clones T auto-immuns est large. De plus, la caractérisation de la nature d'un variant in vitro ne fait que présager de sa nature in vivo et elle ne permet pas de dire comment celui-ci va se comporter in vivo. Il a été récemment décrit que certains clones T possédaient une réactivité croisée sur des épitopes analogues issues de pathogènes très différents. Ainsi, la capacité d'un clone T à répondre à certains pathogènes va dépendre de l'histoire de l'hôte (Brehm et al., 2002).

Chapitre II. Rôle de l'antigène dans la prolifération et la différenciation des lymphocytes T.

La fréquence des lymphocytes naïfs spécifiques d'un Ag est à peu près de 1 pour 10^5 – 10^6 (Blattman et al., 2002). La diversité du répertoire lymphocytaire ne serait rien sans la capacité phénoménale d'amplification (10^4 fois) des médiateurs de la réponse adaptative spécifiques d'un Ag donné, permettant de contrôler efficacement et rapidement le pathogène avec une quantité d'effecteurs suffisants (Butz and Bevan, 1998c; Murali-Krishna et al., 1998a; Murali-Krishna et al., 1998b). De par leurs fonctions différentes, les lymphocytes T CD4 et CD8 présentent de grandes différences dans leur cinétique de prolifération et de différenciation, dans l'amplitude de leur expansion et dans les facteurs influençant leur prolifération. Si la prolifération et la différenciation des CD8 sont particulièrement bien étudiées et reconnues, les informations sur la prolifération et la différenciation des CD4 en revanche, sont beaucoup moins développées.

Dans ce chapitre, je ciblerai essentiellement sur la contribution du ligand du TCR dans la prolifération homéostatique et dans la prolifération induite par l'Ag, ainsi que dans la mise en place des fonctions effectrices.

1. La Prolifération.

La prolifération se déroule dans les organes lymphoïdes secondaires (Banchereau and Steinman, 1998; Lanzavecchia and Sallusto, 2000). En dehors des facteurs propres à la spécificité des lymphocytes T CD4 et CD8 (nature de la présentation antigénique et intervention des cytokines), des différences intrinsèques distinguent la capacité proliférative des deux populations (Seder and Ahmed, 2003). En effet, le taux de division des CD4 serait plus faible que le taux des CD8 (Foulds et al., 2002; Homann et al., 2001), confirmant les résultats obtenus après l'infection par le virus d'Epstein Barr chez l'homme (Whitmire and Ahmed, 2000) et par le LCMV chez la souris (Whitmire et al., 2000), qui montrent qu'il y a plus de CD8 que de CD4. Ce taux est estimé à environ 9 divisions pour les CD4 (Homann et al., 2001) et 15 à 20 divisions pour les CD8 (Murali-Krishna et al., 1998b). La cinétique de division est elle-même plus rapide pour les CD8, environ 6h par division, que pour les CD4, pour lesquels il faut entre 9 et 20h, bien que pour les deux, un certain temps soit requis après l'activation pour entamer la première division. Les raisons expliquant ces différences sont, d'une part attribuées au fait que les lymphocytes T CD8 rencontrent une plus grande quantité d'Ag que les CD4, ne serait ce que par la différence d'expression des molécules du CMH de classe I et II, d'autre part que les CD4 requièrent l'engagement des signaux de co-stimulation pour une prolifération optimale, alors que les CD8 sont moins dépendants de ces interactions (Whitmire and Ahmed, 2000; Whitmire et al., 2000).

1.1. La prolifération homéostatique.

Dans le cadre du contrôle homéostatique du réservoir cellulaire, les lymphocytes naïfs et mémoires peuvent s'engager dans le cycle cellulaire indépendamment d'une stimulation antigénique **(Figure 1)**. Les facteurs contrôlant cette prolifération homéostatique sont peu connus.

La stabilité du compartiment cellulaire périphérique exige un contrôle important qui peut avoir lieu, soit au niveau thymique, par adaptation du nombre d'émigrants thymiques, soit au niveau périphérique, signifiant que pour chaque nouvelle cellule qui entre en circulation, une cellule naïve périphérique disparaît ou qu'en absence d'apport thymique suffisant, les cellules périphériques prolifèrent pour compenser les pertes (Tanchot and Rocha, 1997). Des expériences de greffes de lobes thymiques additionnels chez la souris ont montré que le taux d'exportation de chaque lobe thymique était indépendant du nombre de greffons et restait constant (Berzins et al., 1998; Leuchars et al., 1978). Inversement, la greffe de thymus chez un hôte dont la périphérie était vide, n'augmentait pas l'export des lymphocytes (Gabor et al., 1997). Ces résultats démontraient que le contrôle n'était pas exercé par le thymus. En périphérie, deux hypothèses pouvaient expliquer la cinétique de substitution des cellules naïves par les émigrants thymiques. La première, dépendante de l'âge, propose que la cellule la plus vieille soit remplacée par la plus jeune. La deuxième, indépendante de l'âge, propose que toutes les cellules matures en périphérie ont la même probabilité d'être éliminées (Tanchot and Rocha, 1998). Les travaux de Huesmann et col (Huesmann et al., 1991) ont pu mettre en évidence que la courbe de disparition des cellules matures corrélait avec une substitution indépendante de l'âge de la cellule.

Chez l'adulte, dans un contexte physiologique, l'apport thymique devient insuffisant pour compenser la perte des cellules T, due au renouvellement naturel du compartiment naïf. La prolifération homéostatique prend une importance considérable dans le maintien du nombre de cellules en périphérie (Surh and Sprent, 2000) **(Figure 12)**. Sachant que l'apport thymique n'entraîne pas de réduction du compartiment mémoire et que celui-ci ne s'accumule

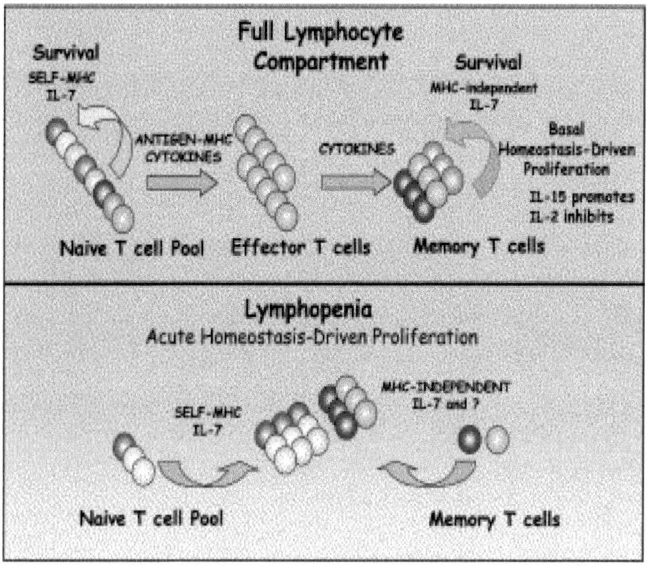

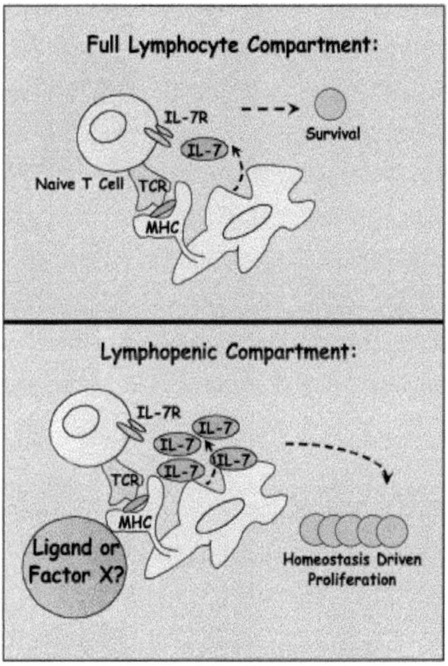

Figure 12.

Facteurs requis dans la survie et la prolifération homéostatique des cellules T naïves et mémoires. **(Goldrath et col, 2002).**

pas dans le temps aux dépens du compartiment des cellules naïves, il semblerait que la survie individuelle des cellules de ces deux réservoirs soit soumise à une régulation indépendante. En effet, les deux populations cellulaires présentent une capacité de prolifération spontanée très différente (Tanchot and Rocha, 1995). Par contre, la diminution d'une population CD4 ou CD8 est largement compensée par l'autre (Freitas and Rocha, 2000). Dans un contexte lymphopénique, comme l'infection par le VIH, le thymus contribue fortement au repeuplement du réservoir périphérique chez les individus traités. Cette contribution peut-être évaluée par la mesure de la fréquence des TRECs par million de lymphocytes CD4 (Douek et al., 1998).

Indépendamment d'une stimulation par l'Ag nominal, une faible prolifération des cellules naïves est observable, tandis que les cellules mémoires se divisent à un tôt plus important (McDonagh and Bell, 1995). Par contre, les deux populations se divisent spontanément après transfert dans un hôte lymphopénique (Sprent et al., 1991). Le signal contrôlant cette prolifération est mal connu. L'interaction du TCR, par un complexe peptide du soi/CMH, apparaît être nécessaire à la régulation de l'homéostasie des cellules naïves. L'implication du CMH a été déterminée par des expériences de transferts adoptifs des cellules CD8 naïves, dans des souris exprimant ou pas différentes molécules du CMH de classe I (Nesic and Vukmanovic, 1998; Tanchot et al., 1997) et par transfert adoptifs de lymphocytes CD4 naïfs dans des souris déficientes ou pas en molécules du CMH de classe II (Brocker, 1997; Takeda et al., 1996). Cette interaction intervient à la fois dans la survie des lymphocytes (Freitas and Rocha, 2000) et dans la prolifération des cellules T naïves (Viret et al., 1999). Cette prolifération pourrait dépendre de l'existence d'agonistes faibles ou partiels en périphérie. Contrairement aux lymphocytes naïfs, les cellules mémoires ne nécessitent pas d'interaction spécifique avec le CMH (Tanchot et al., 1997) mais dépendent surtout des cytokines, comme l'IL-15 et l'IL-7, qui sont d'importantes régulatrices du compartiment mémoire (Ku et al., 2000; Schluns et al., 2000). D'après plusieurs travaux, les cellules T acquièrent certaines caractéristiques phénotypiques des cellules mémoires et même la capacité à générer une réponse plus rapidement. Pour certains, cette capacité n'est que transitoire (Goldrath et al., 2000), pour d'autres, elle reste stable plusieurs mois (Murali-Krishna and Ahmed, 2000).

1.2. La prolifération dépendante de l'antigène.

Après stimulation par l'Ag et les molécules de co-stimulation, les lymphocytes T CD4 et CD8 entament une prolifération dépendante de la sécrétion autocrine d'IL-2 (Cantrell and Smith, 1984). Au cours de cette expansion, les lymphocytes T se différencient en cellules effectrices qui sont, les cellules cytotoxiques pour les CD8, ayant pour but d'éliminer les cellules présentant un danger potentiel pour l'organisme (cellules infectées ou tumorales) et les cellules "auxiliaires" pour les CD4, qui ont pour fonction principale d'aider la réponse des lymphocytes T CD8 ou des lymphocytes B.

La nature du signal reçu par le lymphocyte détermine la qualité et la quantité de la réponse proliférative. La nature de la stimulation est déterminée par plusieurs paramètres : La concentration et l'affinité de l'Ag, qui déterminent le taux d'engagement du TCR, la présence ou non de co-stimulation responsable de l'amplification du signal (Viola et al., 1999) et la durée de l'interaction cellule T/CPA.

Pour l'ensemble, l'amplitude des réponses lymphocytaires apparaît toujours associée à la concentration de l'Ag. L'affinité de ce dernier intervient plutôt sur la durée de l'interaction avec la CPA. Si la concentration de l'Ag est importante dans l'amplitude de la prolifération de chaque clone, elle est forcément associée à un phénomène de saturation (Butz and Bevan, 1998b) ou de tolérance périphérique.

La nécessité des molécules de co-stimulation est parfaitement illustrée par la théorie du signal 1 et du signal 2. L'activation des lymphocytes T par l'Ag en l'absence de molécules de co-stimulation (CD80 : B7.1 ; CD86 : B7.2), entraîne l'anergie, due à leur incapacité à produire de l'IL-2 nécessaire à la prolifération (Lenschow et al., 1996). Ainsi, la cellule présentatrice d'Ag va jouer un rôle déterminant dans la prolifération lymphocytaire. L'activation par une cellule dendritique mature, qui exprime en grande quantité les molécules de co-stimulation, entraîne une expansion et une différenciation en cellules effectrices puis mémoires, tandis que l'activation par une cellule dendritique immature aboutit à une prolifération avortée et à la tolérisation (Hawiger et al., 2001). Enfin, la durée de l'interaction avec les CPAs, démontrée à l'origine dans un modèle CD4, intervient aussi de façon majeure dans la prolifération des lymphocytes T (Iezzi et al., 1998).

Le paramètre majeur déterminant la hiérarchie des différents clones activés est le moment précis de leur rencontre avec l'Ag (Bousso et al., 1999). Certains travaux ont montré qu'une brève interaction avec la CPA d'une durée évaluée à 2 heures serait suffisante pour induire la prolifération des CD8, tandis qu'une durée plus importante (6h) serait nécessaire pour induire la prolifération des CD4 (Kaech and Ahmed, 2001; van Stipdonk et al., 2001). Cette durée croit avec de faibles doses d'Ag ou la diminution de la co-stimulation (Iezzi et al., 1998). Des travaux plus récents, pour les lymphocytes CD4 et CD8 humains et murins, précisent qu'une interaction courte (4h) est bien capable d'induire la prolifération des lymphocytes in vitro mais que celle-ci est résolument abortive et aboutit à la mort des cellules activées. Par contre, une interaction suffisamment longue (20h) confère aux lymphocytes un phénotype "adapté" pour faire perdurer la prolifération sans induire la mort (Gett et al., 2003; van Stipdonk et al., 2003). Ce phénotype "adapté" correspond à une sensibilité aux cytokines de survie, telles l'IL-7 et l'IL-15 ou à l'expression maintenue du récepteur à l'IL-2 (CD25), qui n'a pas lieu lorsque l'interaction est trop courte.

1.3. Concept de la Programmation.

Un concept récent, particulièrement décrit pour les lymphocytes CD8 dans le modèle d'infection par *Listeria monocytogenes* et le virus LCMV, établit que dès la rencontre avec l'Ag, les cellules sont "programmées" (Kaech and Ahmed, 2001; Mercado et al., 2000; van Stipdonk et al., 2001). Ce programme correspond à l'acquisition d'une information permettant aux lymphocytes d'effectuer un certain nombre de divisions et aboutit à l'acquisition des fonctions effectrices et l'établissement d'une population de cellules mémoires en l'absence de stimulation répetée avec l'Ag. La présence de l'Ag n'apparaît plus nécessaire une fois que les cellules se sont engagées, contrairement au modèle de différenciation dépendant de l'Ag, pour qui l'interaction continue avec celui-ci est nécessaire pour maintenir la prolifération **(Figure 13A)** (Badovinac and Harty, 2002). La dose initiale d'Ag détermine alors l'amplitude de la réponse, par contre, celle-ci ne modifie pas le taux de prolifération. En effet, la variation de la dose d'Ag influence le nombre de cellules engagées dans les divisions, mais ne change pas le nombre de divisions que les cellules exécutent (Kaech and Ahmed, 2001). Des études plus anciennes de la spécificité des clones amplifiés dans le même modèle infectieux ont montré que les clones CD8, spécifiques de plusieurs épitopes de quantité et de stabilité variables, présentent les mêmes cinétiques d'expansion et de contraction (Busch and Pamer, 1998). Cependant, les fréquences relatives de chacun des clones amplifiés sont différentes et cette proportion relative est transmise au compartiment mémoire (Vijh and Pamer, 1997) **(Figure**

A

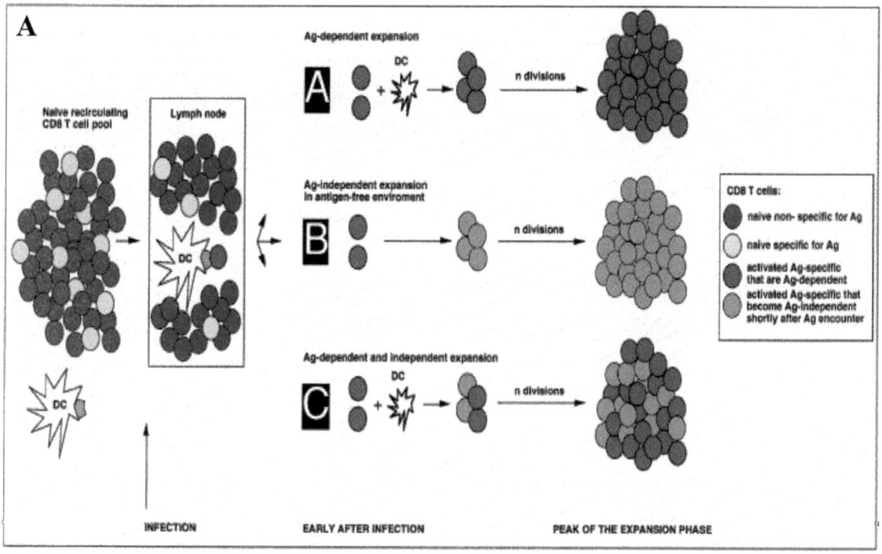

Rôle de l'antigène dans le développement des lymphocytes T. A. La différenciation est dépendante de l'exposition répétée avec l'antigène. Chaque cellule fille nécessite d'interagir une nouvelle fois avec l'antigène pour se diviser. B. Les CD8 sont programmés à se diviser 7 à 10 fois et à se différencier après une brève interaction avec l'antigène. C). L'expansion est indépendante de l'antigène mais est influencée par sa présence. (Badovinac et col, 2002).

B

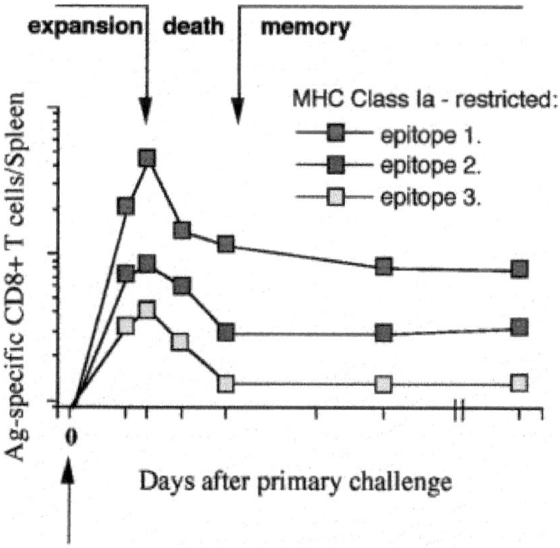

Les clones spécifiques de différents épitopes présentent les mêmes cinétiques d'expansion, de contraction et leur proportion relative est conservée dans le pool de cellules mémoires. (Badovinac, 2002)

Figure 13.

13B). Ces observations corrèlent bien avec la notion de programmation de la réponse CD8 dès la première rencontre avec l'Ag. De façon analogue, pour les lymphocytes CD4, il a été mis en évidence que la stimulation initiale avec l'Ag induisait aussi un programme de prolifération indépendant de la présence continue de l'Ag (Bajenoff et al., 2002; Lee et al., 2002). Par contre, la stimulation récurrente par l'Ag semble augmenter la survie des cellules en division et accroître le nombre total de division cellulaire.

Les concepts de programmation dépendante et indépendante de l'Ag ne sont pas totalement exclusifs et peuvent contribuer tous les deux à l'expansion des lymphocytes **(Figure 13A)**.

1.4. Intervention des cytokines.

L'ensemble de ces travaux n'exclu pas l'influence de facteurs extrinsèques sur la prolifération. Parmi ces facteurs, la fonction CD4 "auxiliaire" et les cytokines environnementales sont des éléments majeurs de la réponse. La fonction "auxiliaire" des CD4 passe par la production d'IL-2 nécessaire à une prolifération optimale des CD8, mais aussi par interaction directe des deux sous-populations où les CD4 deviennent des CPAs efficaces pour les CD8, par l'intermédiaire des molécules de co-stimulation tel le CD40L (Bennett et al., 1998; Ridge et al., 1998; Schoenberger et al., 1998). La production de ces cytokines est le plus souvent dépendante de l'interaction des lymphocytes avec l'Ag. Après l'activation, les cytokines environnementales prendraient le relais dans le maintien de la prolifération. Cette prolifération, pour les lymphocytes CD4, dépend majoritairement de la présence d'IL-2 (Jelley-Gibbs et al., 2000). Cependant, l'utilisation d'un cocktail de cytokines comprenant l'IL-2, l'IL-6 et le TNF-α a montré que les cellules T humaines pouvaient être activées et proliférer en absence d'Ag (Unutmaz et al., 1995; Unutmaz et al., 1994). Par contre, les lymphocytes T CD4 et CD8 naïfs ne répondent pas aux cytokines : IL-7 et IL-15, contrairement aux cellules effectrices ou mémoires (Geginat et al., 2003; Geginat et al., 2001). Ces cytokines semblent plus impliquées dans la prolifération homéostatique des cellules mémoires ou effectrices. La contribution des cytokines dans la prolifération induite par l'Ag reste à préciser, dans la mesure où les souris délétées pour le gène γc, chaîne commune des récepteurs à l'IL-2 –4 –7 et –15, ne montrent aucune déficience dans la prolifération spécifique d'Ag, bien que la survie des CD4 naïfs est altérée (Lantz et al., 2000).

Il existe un paradoxe entre la notion qu'une brève stimulation antigénique suffit pour programmer les lymphocytes à proliférer et les travaux montrant une susceptibilité à la mort si la stimulation n'est pas suffisante (Gett et al., 2003; van Stipdonk et al., 2003). Même si la prolifération se prolonge après la disparition de l'Ag, il est nécessaire que l'activation soit complète pour conférer au lymphocyte T un état "adapté" à la prolifération et à la résistance à l'apoptose. Récemment, le même groupe qui a soulevé l'hypothèse de la programmation des CD8 (Kaech and Ahmed, 2001), en réalisant un modèle mathématique de la prolifération CD8 indépendante de l'Ag, a constaté que le programme n'était pas complètement défini par la rencontre initiale avec l'Ag mais pouvait être augmenté rapidement après activation par une autre exposition brève (Antia et al., 2003).

Physiologiquement, il est peu probable que l'expansion d'une population lymphocytaire puisse ne dépendre que d'une interaction brève avec l'Ag dans la mesure où l'Ag ne disparaît pas avant que la réponse immune ne soit efficace. La maîtrise d'une expansion optimale des cellules présente un intérêt majeur en vaccination.

2. La différenciation.

2.1. Caractéristiques.

La différenciation des lymphocytes T consiste en l'établissement d'un programme transcriptionnel qui contrôle le cycle cellulaire et la réponse aux cytokines, comme décrit précédemment et l'acquisition des capacités migratoires, des fonctions effectrices et la susceptibilité à la mort programmée. Cette différenciation est un processus progressif établi par des modifications épigénétiques (Bird et al., 1998). Après stimulation par l'Ag des lymphocytes naïfs, les fonctions effectrices sont acquises par une fraction seulement des cellules en prolifération. Ces fonctions passent par la production de cytokines et l'expression de molécules responsables de la fonction "auxiliaire" pour les lymphocytes CD4 et par la production de cytokines et des éléments responsables de la cytotoxicité (perforine, granzyme) pour les lymphocytes CD8. Bien qu'il ait aussi été décrit qu'une brève interaction avec l'Ag suffise aux lymphocytes T pour acquérir les fonctions effectrices (Kaech and Ahmed, 2001; van Stipdonk et al., 2001), un certain nombre de travaux mettent en évidence le rôle de la quantité d'Ag, de l'interaction multiple et de la durée de la stimulation par l'Ag, sur la différenciation des lymphocytes. Ces données s'associent difficilement avec le concept de programmation et seront discutées avec l'article 4.

2.2. Cinétique de production de cytokines.

Il est reconnu que le lymphocyte naïf ne possède pas au départ son phénotype différencié et que cet état requiert un certain développement après l'activation. Il est proposé que la différenciation lymphocytaire soit contrôlée par la prolifération et que les cycles cellulaires agissent comme une horloge intrinsèque à la cellule autorisant l'expression de cytokines distinctes (Gett and Hodgkin, 1998). Les résultats semblent controversés. Pour certains, les cellules ne sont capables d'induire la production d'IFNγ qu'après être entrées dans la phase S du cycle cellulaire mais l'expression d'IL-4 nécessite la progression d'au moins trois divisions cellulaires (Bird et al., 1998). Les travaux de Gett et col montrent que la production d'IFNγ requiert aussi un certain nombre de divisions cellulaires (Gett and Hodgkin, 1998). Pour d'autres, la production d'IL-4 et d'IL-10 par les cellules naïves peut apparaître avant la première division cellulaire mais à partir de la phase S du cycle cellulaire tandis que la production d'IL-2 est indépendante de l'étape du cycle (Richter et al., 1999). Ces différences peuvent être liées aux variations de proportion dans la polarité des cellules pour chacun des modèles, ce qui rend les différentes populations plus ou moins détectables. De plus, la nature de la stimulation, antigénique ou mitogénique, est critique dans la qualité de la réponse cellulaire. Dans l'ensemble, cela suggère que la production des diverses cytokines résulte d'un système à la fois très contrôlé et à la fois stochastique. L'environnement cytokinique préexistant (Hsieh et al., 1992; Seder et al., 1992), le type de CPA utilisées (Duncan and Swain, 1994; Macatonia et al., 1993; Ronchese et al., 1994; Schmitz et al., 1993) et bien sûr, la dose et la nature de l'Ag (Pfeiffer et al., 1995) sont les principaux facteurs responsables de la polarisation de la différenciation lymphocytaire **(Figure 14A)**.

2.3. Rôle de la quantité d'antigène dans la différenciation.

La différenciation progressive repose sur l'hypothèse que certains processus sont activés pour de faibles intensités de signaux et d'autres nécessitent une intensité plus importante (Langenkamp et al., 2002). Dans le cas des CD4, de nombreuses études ont mis en évidence une corrélation entre l'intensité du signal TCR et la polarisation de la cellule. Les lymphocytes T CD4 naïfs semblent établir un profil de marqueurs phénotypiques et de

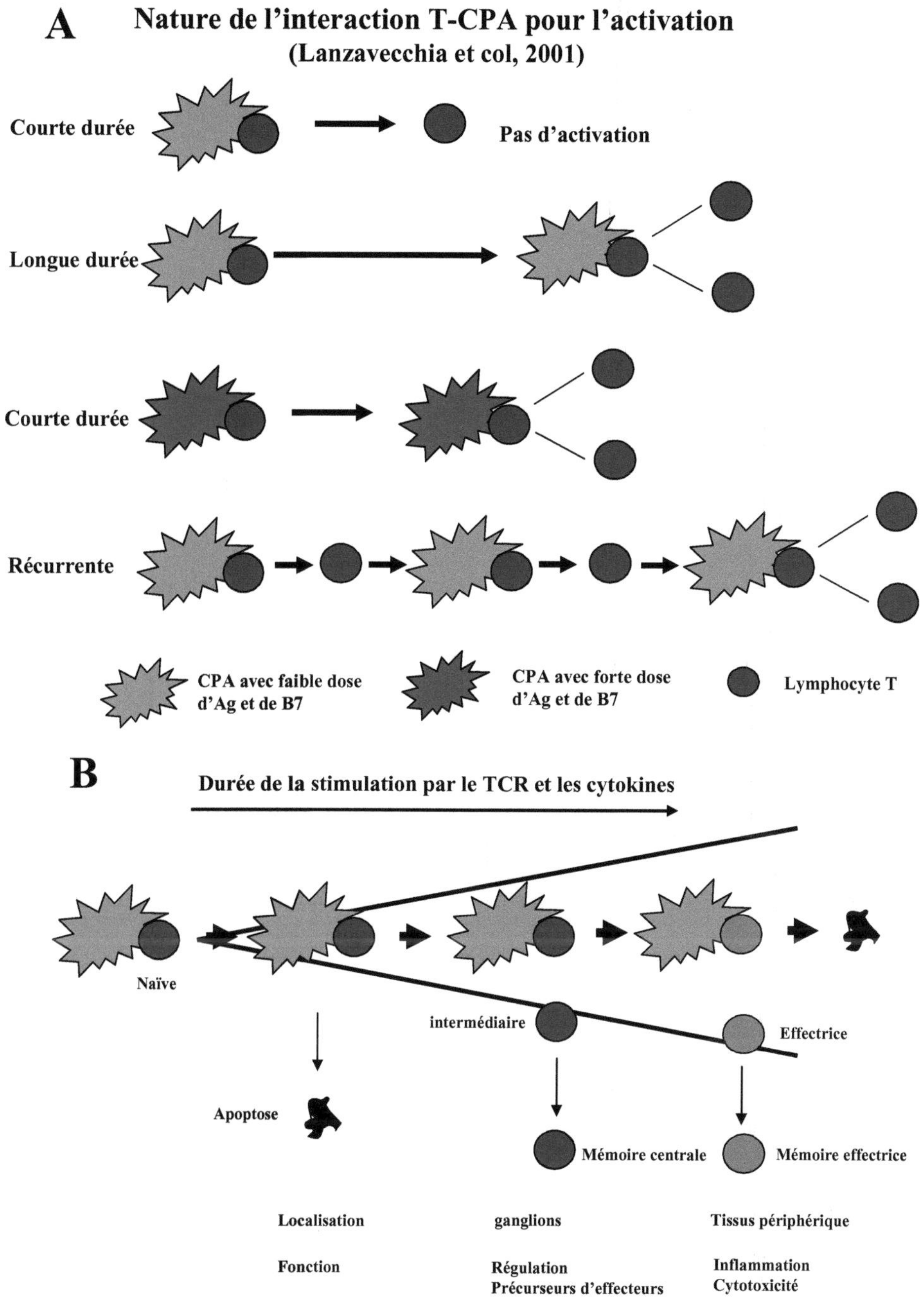

Figure 14.
Modèle de la différenciation progressive. (Lanzavecchia et col, 2000)

production cytokinique dépendant de la dose même d'Ag (Ise et al., 2002). Ainsi, la quantité d'Ag induirait la production sélective d'IL-4 ou d'IFNγ à faible et forte concentration d'Ag respectivement (Constant et al., 1995; Hosken et al., 1995). L'analyse au niveau unicellulaire d'un clone CD4 de type Th1 semble aussi révéler une hiérarchie dans l'expression des cytokines liée au seuil d'internalisation du TCR. L'IFNγ serait la cytokine la moins exigeante en termes de quantité de signalisation TCR, l'IL-2 ne serait produite que pour des intensités de signaux plus importantes et donc produite que par les cellules produisant de l'IFNγ (Itoh and Germain, 1997). Ces données sont en contradiction avec l'observation que, à la différence des cellules mémoires, la production de cytokines par les cellules naïves apparaît être exclusive (Veiga-Fernandes et al., 2000). Les travaux d'Openshaw et col proposent, au niveau unicellulaire, que la production d'IL-4 et d'IFNγ par les cellules non-polarisées soit séquentielle et que la production simultanée des deux cytokines n'intervient que très rarement (Openshaw et al., 1995).

L'augmentation de la quantité d'Ag n'accroit pas la production des cytokines par une cellule, mais accroit le nombre de cellules productrices, corrélant ainsi avec l'augmentation du nombre de cellules en prolifération évoquée précédemment. Dans le cas des lymphocytes CD8, le principe semble similaire. L'acquisition de la cytotoxicité requiert de très faibles concentrations de peptide par contre la production d'IFNγ exige une concentration plus importante d'Ag (Valitutti et al., 1996). De plus, ces fonctions corrèlent avec l'internalisation des TCR. Dans l'ensemble, la quantité d'Ag a une influence majeure sur la différenciation lymphocytaire et contrôle de la même façon la qualité de la réponse immune (Bretscher et al., 1992).

2.4. Rôle de l'interaction récurrente avec l'antigène.

L'importance de l'interaction avec l'Ag pour l'acquisition des fonctions effectrices paraît controversée. Si pour certains une brève interaction suffit pour la différenciation complète des CD8, pour d'autres et en accord avec les modèles d'activation cellulaire décrits précédemment, les différentes étapes de développement des lymphocytes nécessitent des niveaux croissants d'interaction du TCR avec son ligand (Langenkamp et al., 2002). La production de cytokines suit une régulation spécifique par l'Ag (Slifka and Whitton, 2000).

De même Bajenoff et col, dans un modèle CD4, ont montré que si une interaction succincte avec l'Ag permettait la prolifération, l'interaction continue avec l'Ag était nécessaire pour la production de cytokines (Bajenoff et al., 2002). Pour les lymphocytes CD8, la description est plus riche. La mise en place des fonctions cytotoxiques et des diverses cytokines semble suivre une régulation différente par l'Ag. Si après activation par l'Ag, la production de perforine est maintenue de façon constitutive, la production d'IFNγ cesse immédiatement en absence de contact récurrent avec les CPAs, mais est instantanément retrouvée après re-engagement (Slifka et al., 1999). La production d'IFNγ est donc dépendante de l'Ag alors que la production de TNF est indépendante puisque produite de façon transitoire après activation des CD8 (Badovinac et al., 2000a).

2.5. Rôle de la durée de la stimulation par l'antigène.

La durée de l'interaction selon Iezzi et col dirigerait la cellule vers un profil Th1 pour des durées longues et vers un profil Th2 pour de plus courtes durées (Iezzi et al., 1999). De même, l'utilisation de variants peptidiques jouant sur la durée de l'interaction par modification de l'affinité pour le TCR est capable de modifier le profile Th1 vers Th2 (Pfeiffer et al., 1995; Tao et al., 1997). Cette interaction se traduit par une signalisation calcique altérée (Boutin et al., 1997). L'utilisation de variants peptidiques par Grakoui et col, a pourtant suggéré que la polarisation Th1/Th2 ne dépendait pas de la dose d'Ag mais résultait d'un phénomène purement stochastique (Grakoui et al., 1999b). Cependant, dans cette dernière étude, la quantité d'Ag peut être contrôlée mais la durée de l'interaction entre les différents ligands et le TCR en revanche, n'est pas évaluée.

La polarisation Th1 ou Th2 n'est pas la résultante absolue de l'activation des cellules T. En effet, même après une forte stimulation antigénique, seulement une fraction des cellules T activées acquiert les fonctions effectrices et la capacité à migrer dans les tissus périphériques. La plupart des cellules restent non-polarisées, dans un état "intermédiaire" (Lanzavecchia and Sallusto, 2000). Ces cellules "intermédiaires" peuvent se multiplier sous l'influence de l'IL-2 et gardent leur capacité à se polariser lors de leur restimulation (Sad and Mosmann, 1994). L'inefficacité de la différenciation dépendrait essentiellement de la durée de la stimulation perçue par la cellule lors de l'activation comme décrit précédemment (**Figure 14B**). Certaines cellules non-polarisées survivraient dans cet état de différenciation intermédiaire en tant que cellules mémoires et complèteraient leur différenciation lors de la stimulation secondaire.

La prolifération et la différenciation des lymphocytes T sont très dépendantes de l'intensité du signal perçu lors de l'activation par l'Ag. Très récemment, le groupe de Mescher a apporté une notion fondamentale dans le contrôle de la réponse des CD8. Ce groupe a défini l'importance d'un signal 3 dans la mise en place des fonctions effectrices (Curtsinger et al., 2003). En l'absence de ce signal, correspondant à l'IL-12, les cellules peuvent se diviser, mais présentent une incapacité à développer les fonctions cytolytiques ou la production d'IFNγ et les cellules sont rendues tolérantes. Simultanément, une autre équipe a décrit que l'expansion et l'acquisition des fonctions effectrices des cellules T naïves pouvaient être contrôlées par des cellules présentatrices d'Ags fonctionnellement différentes (Krug et al., 2003). Ces travaux apportent donc la nouvelle notion que la prolifération et les fonctions effectrices induites par l'Ag peuvent être complètement dissociées.

3. Compartimentalisation de la réponse immune.

Un principe fondamental dans l'efficacité d'une réponse immune est de faire intervenir la "bonne cellule", au "bon endroit" et au "bon moment". Ce défi apparaît considérable si l'on considère l'étendue des tissus à surveiller ou protéger par rapport à la faible fréquence des précurseurs naïfs de la réponse adaptative. Cette efficacité repose sur un système de compartimentalisation de la réponse immune et la capacité de ses acteurs à circuler dans cet environnement **(Figure 15)**.

3.1. Trafique cellulaire.

La circulation se déroule entre les organes lymphoïdes et les tissus périphériques par l'intermédiaire du sang et de la lymphe. Le système lymphatique draine les cellules immuno-compétantes dans les ganglions par les canaux lymphatiques afférents. Les cellules quittent le ganglion par les canaux efférents qui se jettent dans le sang, et sont redistribuées dans les tissus ou les organes lymphoïdes via les HEV (endothélium vasculaire spécialisé pour l'extravasation des cellules).

Lors d'une réponse immune, l'Ag est capté par les cellules présentatrices d'Ags spécialisées et transporté vers le ganglion drainant, au niveau duquel les lymphocytes spécifiques circulants seront arrêtés et activés (Bajenoff et al., 2003) **(Figure 15)**. Après amplification des lymphocytes spécifiques, il est nécessaire que ceux-ci migrent au niveau du site inflammatoire afin d'exercer leurs fonctions effectrices. La capacité des lymphocytes à

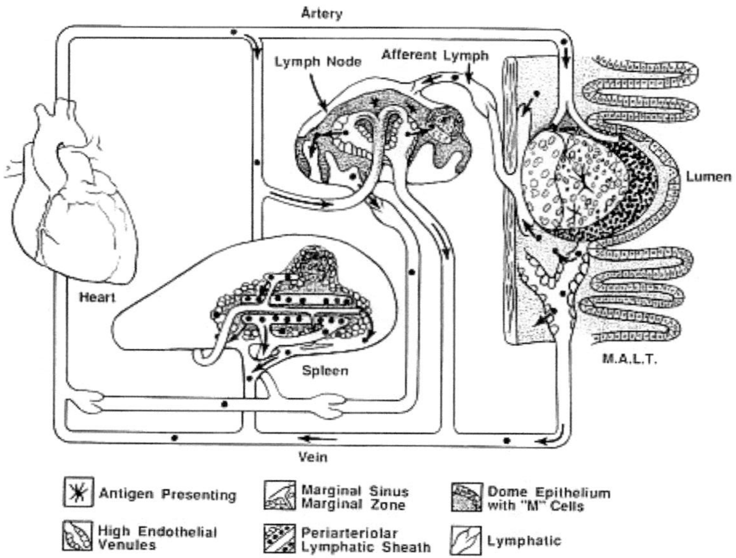

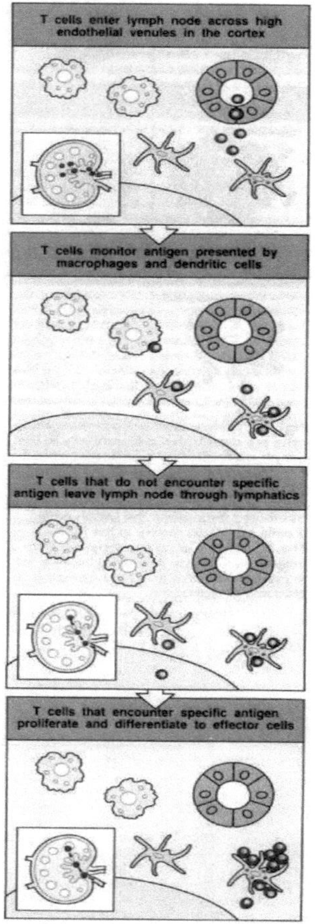

Figure 15. Compartimentalisation de la réponse immune (Janeway et Travers; Immunobiology)

circuler dans les tissus est associée autant au profil d'expression des différentes molécules d'adhésion, qu'à celui des récepteurs aux chimiokines et de leur ligand présent dans l'environnement (Springer, 1994). Des travaux montrent que les cellules épithéliales sont capables d'exprimer des combinaisons de chimiokines différentes suivant les tissus permettant un trafic sélectif des lymphocytes (Kunkel and Butcher, 2002). Ainsi, la migration d'un lymphocyte dépendra des récepteurs de chimiokines exprimés à sa surface en fonction du contexte.

3.2. Rôle de l'antigène dans la migration cellulaire

La spécificité de la migration est un phénomène mal connu. La migration des cellules effectrices au niveau du site inflammatoire repose elle sur un système stochastique ou bien, lors de l'activation lymphocytaire dans les organes lymphoïdes secondaires, les CPAs transmettent elles un programme bien définit de migration, spécifique du tissu dans lequel les lymphocytes T doivent être envoyé.

Un certain nombre de modifications dans l'expression des molécules impliquées dans le trafique cellulaire après activation antigénique sont reconnues. La diminution d'expression de L-selectine et l'augmentation de l'expression de CD44 et de certaines intégrines qui facilite la migration vers les sites inflammatoires. Le récepteur aux chimiokines : CCR7, a été décrit dans la caractérisation de sous populations lymphocytaires mémoires, que je préciserai dans le dernier chapitre, de fonctionnalités et de distribution dans les tissus différentes (Sallusto et al., 2000; Sallusto et al., 1999). Le profile d'expression des molécules de migration est profondément influencé par la polarisation de la cellule. Les cellules polarisées de type 1 exprimeront préférentiellement les récepteurs aux chimiokines CCR5 et CXCR3 et les cellules polarisées de type 2 plus particulièrement les récepteurs CCR3, CCR4 et CCR8 (Sallusto et al., 1998). L'expression de ces molécules ayant été pour la plupart étudié in vitro, elles ne permettent pas de définir un adressage précis. Par contre, il a pu être montré l'expression sélective de l'intégrine $\alpha 4\beta 7$ par les lymphocytes activé dans les ganglions mésentériques et du ligand de la P-selectine par les lymphocytes activés dans les ganglions sous cutanés induisant la migration préférentielle dans l'intestin ou la peau respectivement (Campbell and Butcher, 2002). Plus récemment, il a été montré que les cellules dendritiques issus de des plaques de Peyer dans l'intestin étaient responsables de l'expression d'un profile d'adressage sélectif vers l'intestin (Mora et al., 2003). Ces derniers travaux en faveur du modèle de migration spécifique seront rediscutés au cours de la présentation de l'article n°4.

Chapitre III. Contrôle homéostatique de la réponse lymphocytaire T.

L'amplification et les fonctions effectrices doivent être hautement contrôlées afin d'éviter la prolifération anarchique et la libération inappropriée de médiateurs de l'inflammation ou de la cytotoxicité. L'apoptose est le mécanisme physiologique responsable du contrôle de l'homéostasie périphérique. L'apoptose intervient sous deux formes majeures : par "carence en cytokines" et "guidée par l'Ag".

La première intervient généralement lors de la contraction clonale, qui est le processus normal d'élimination de plus de 95% des cellules spécifiques de l'Ag lors de la réponse immune, une fois que l'Ag a été éliminé. La persistance de certains clones est à l'origine de la mémoire immunologique. Les mécanismes responsables de la contraction clonale sont encore peu connus.

La deuxième (activation induisant la mort cellulaire, AICD, pour activation-induced cell death) intervient dans les phénomènes de tolérisation périphérique qui aboutissent à l'élimination complète de certains clones hyper réactifs.

Ces deux formes sont donc hautement dépendantes de la quantité d'Ag. Si l'élimination de l'Ag va être responsable de la contraction clonale, l'excès de celui-ci entraînera la délétion des clones spécifiques par AICD.

1. L'apoptose.

1.1. Caractéristiques.

L'apoptose cellulaire se traduit par une perte de contact intercellulaire de la cellule mourante, une condensation du noyau et du cytoplasme, causant une réduction importante de la taille de la cellule. La membrane plasmique se perméabilise et provoque un retournement des phosphatidyl sérine, sur lesquelles peuvent se fixer les molécules d'annexin. Ce signal favorise la phagocytose des cellules apoptotiques par les macrophages. La chromatine nucléaire se fragmente suite à l'activation de caspases et d'endonucléases **(Figure 16A).** Enfin la membrane cellulaire s'invagine, se vésiculise et forme des corps apoptotiques qui sont rapidement phagocytés in vivo (Rathmell and Thompson, 1999).

A

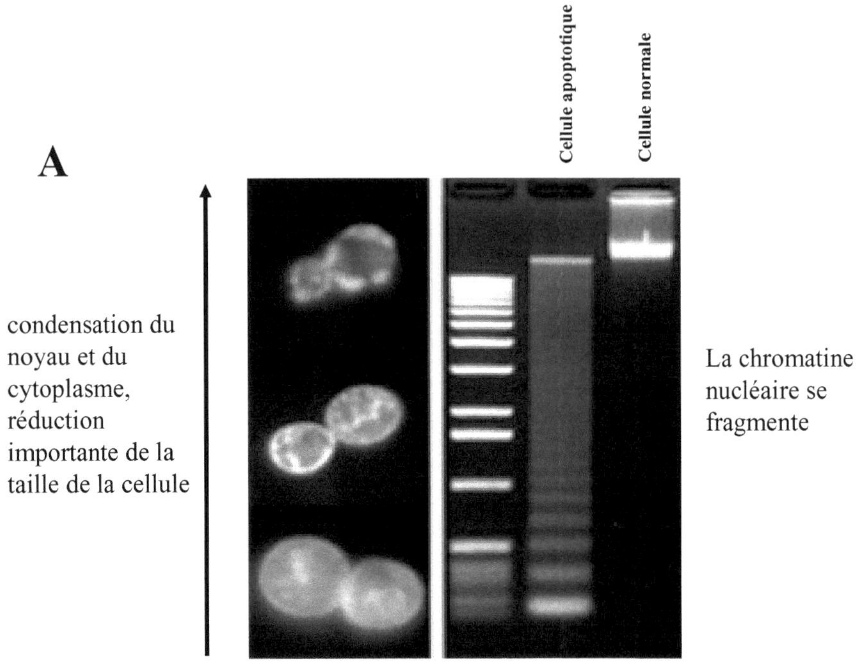

Modifications morphologiques de l'apoptose

B

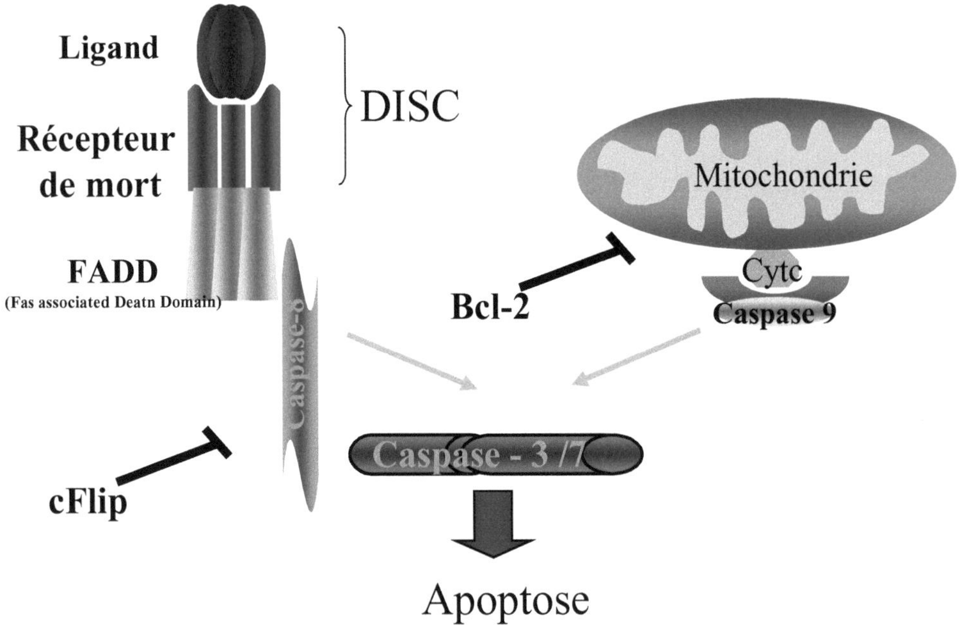

Figure 16. Voie d'activation de l'apopotse

1.2. Mécanismes moléculaires.

La principale voie de signalisation à l'origine de l'activation des processus apoptotiques est schématisée en **Figure 16B**. Les trimères de cytokines FasL ou TNF interagissent avec leur récepteur trimérique (Zheng et al., 1995) et induisent le recrutement des molécules de signalisation (FADD et caspase-8) au niveau de cette structure appelée DISC, pour complexe de signalisation induisant la mort (Death-inducing signalling complex). Ce recrutement entraîne l'activation de la caspase initiatrice, caspase-8, par clivage protéolytique permettant l'activation en cascade des caspases effectrices, capsases-3-6-7, dont les différents substrats sont les éléments responsables des modifications morphologiques de l'apoptose. On distingue une voie mitochondriale, sensible à la molécule anti-apoptotique Bcl-2 et une voie uniquement cytoplasmique, insensible à Bcl-2 (Scaffidi et al., 1999). La voie mitochondriale passe par le relargage du cytochrome c dans le cytoplasme, l'activation de la caspase-9, qui active aussi les caspases effectrices et aboutit à une perte du potentiel de membrane et à sa perméabilisation.

L'IL-2 intervient de façon majeure dans la régulation de l'AICD (Lenardo, 1991). Celle-ci augmente l'expression membranaire de FasL et diminue l'expression cellulaire de FLIP, l'inhibiteur de la caspase-8 (Refaeli et al., 1998). D'autres part, l'IFNγ semble être un médiateur important dans l'activation induisant la mort par activation de la caspase-8 (Refaeli et al., 2002). Il limiterait ainsi l'expansion cellulaire lors de la réponse immune.

Si la dualité de l'IL-2 dans sa contribution sur la prolifération et la mort cellulaire est bien connue, celle d'un grand nombre de molécules impliquées dans la voie d'activation de l'apoptose sont plus surprenantes (Suzuki and Fink, 2000). L'interaction Fas/FasL semble avoir un effet co-stimulateur sur la prolifération cellulaire lors de la stimulation de cellules humaines avec des doses suboptimales d'anticorps anti-CD3 (Kennedy et al., 1999; Suzuki et al., 2000). L'expression de FLIP module la prolifération (Lens et al., 2002). Enfin, la stimulation des lymphocytes entraîne une activation des caspases indépendamment de la mort cellulaire et leur inhibition bloque la prolifération lymphocytaire (Alam et al., 1999; Kennedy et al., 1999). La balance prolifération vers mort cellulaire semble dépendre des mêmes molécules dont l'équilibre reste mal connu. Cette dualité sera discutée dans l'article 1 et 2.

2. La contraction clonale

Lors de la réponse immune, les cellules T se divisent très rapidement et génèrent un nombre considérable de cellules effectrices (Butz and Bevan, 1998c; Murali-Krishna et al., 1998b) Ces cellules éliminent le pathogène terminant ainsi la réponse. Les cellules effectrices deviennent alors redondantes et la plupart seraient détruites afin de refournir l'espace nécessaire à la réponse naïve contre une infection subséquente. Cette destruction est rapide, très efficace et déterminante dans la mise en place de la mémoire immunologique. Il est suggéré que la population CD4 subit une contraction moins rapide mais plus prolongée que la population CD8 (Kamperschroer and Quinn, 1999), entraînant une perte de la réponse mémoire CD4 plus rapide que celle de la réponse mémoire CD8 (Homann et al., 2001) **(Figure 17A)**. Les raisons pour lesquelles les cellules entrent en apoptose ne sont pas très bien comprises, mais semble être causées par la perte de contact avec l'Ag. Lorsque la stimulation TCR cesse, la production de cytokines de survie cesse et en l'absence de ces stimuli, la cellule T active les médiateurs de la mort cellulaire et entre en apoptose (Nagata, 1997; Rathmell and Thompson, 1999). L'élimination de l'IL-2 dans les cultures cellulaires active rapidement les mécanismes de fragmentation de l'ADN (Duke and Cohen, 1986). D'autres cytokines, telles que l'IL-4, l'IL-7 et l'IL-15, peuvent augmenter la survie des cellules CD4 et CD8 spécifiques d'Ag (Vella et al., 1998). Les molécules effectrices des fonctions cellulaires CD8, perforine et IFNγ, sont aussi impliquées car les souris invalidées pour ces gènes présentent après infection, des phases de contraction anormales (Badovinac et al., 2000b; Harty and Badovinac, 2002; Matloubian et al., 1999; Zhou et al., 2002). Wong et Pamer ont mis en évidence que l'acquisition rapide de la fonction cytotoxique dans le modèle de l'infection par *L. Monocytogenes* permettait l'élimination précoce des CPAs, empêchant l'activation prolongée des cellules CD8 naïves (Wong and Pamer, 2003). Ce contrôle serait donc altéré dans les souris déficientes en perforine expliquant le défaut de contraction observé. Les travaux qui montrent que les souris invalidées pour FasL/Fas présentent un défaut de contrôle de la réponse CD8, soulèvent plus un défaut du processus d'activation induisant la mort plutôt qu'un défaut de la contraction (Nguyen et al., 2000; Reich et al., 2000). La phase de contraction cellulaire apparaît dépendante d'autres mécanismes que ceux qui passent par Fas et le TNFR. Les raisons de la contraction cellulaire restent mal connues.

A

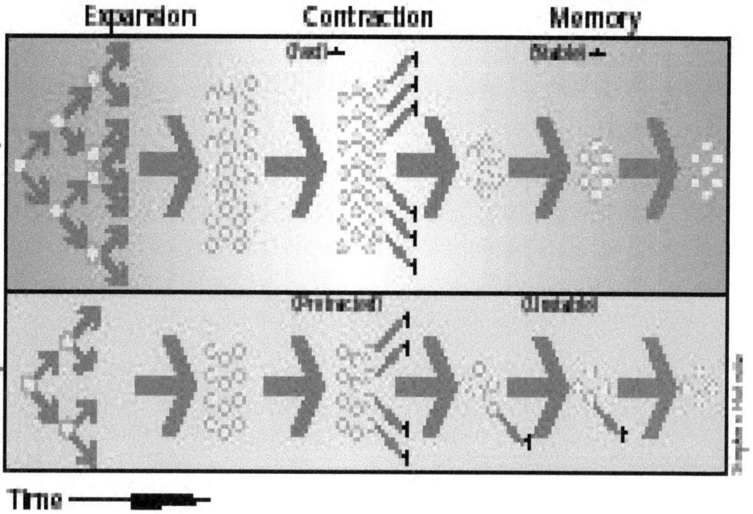

Comparaison des phases d'expansion et de contraction de la réponse CD8 et CD4.
L'expansion des CD8 est plus importante.
La contraction des CD4 persiste plus longtemps, réduisant le pool de cellules mémoires plus rapidement. (Whitmire et col, 2001)

B

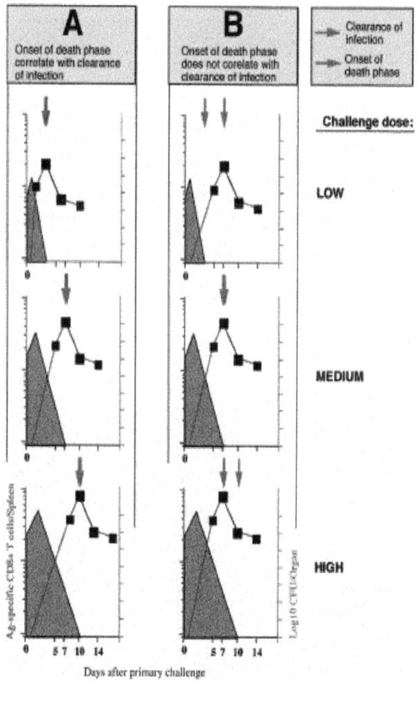

Modèle de contraction de la réponse: A dépendante de la dose d'antigène, ou B, programmé. (Badovinac et col, 2002)

Figure 17.

Une explication simple serait que les cellules ont une durée de vie courte et sont programmées à mourir par défaut lorsque l'infection est contrôlée.

La notion de contraction programmée a été mise en évidence pour les cellules T CD8 par Badovinac et col dans le modèle d'infection par *Listeria monocytogenes* et du virus LCMV (Badovinac et al., 2002) **(Figure 17B)**. Dans cette étude, la cinétique de contraction est indépendante de l'amplitude de l'expansion cellulaire, mais aussi de la dose, de la durée de l'infection et de la quantité d'Ag présent, suggérant que ce processus est programmé très tôt après l'infection. Cette idée avait préalablement été suggérée par l'analyse de populations T CD8 de différentes spécificités antigéniques dont les cinétiques d'expansion, de contraction et d'entrée dans le compartiment mémoire étaient synchrones, alors que les Ags reconnus possédaient différentes efficacités de présentations et stabilités au cours de l'infection par *L. monocytogenes* (Busch et al., 1998). L'analyse de la différence de sensibilité à la contraction entre la réponse primaire et la réponse secondaire révèle que les cellules mémoires sont moins sensibles que les cellules naïves (Grayson et al., 2002). De plus, le transfert de ces deux populations avant la phase de contraction dans un hôte naïf a montré que cette contraction ne dépendait pas de l'environnement, suggérant que ce phénomène était intrinsèque à la cellule.

Cette notion est difficile à concilier avec différentes observations chez les souris invalidés pour les gènes du CD25, CD122, Fas/FasL, ou TGFβ, qui présentent des syndromes d'hyperprolifération et d'hypertrophie des organes lymphoïdes secondaires, (Cohen and Eisenberg, 1991; Lucas et al., 2000; Willerford et al., 1995), suggérant au contraire que les cellules T ne sont pas programmées pour mourir mais pour survivre (Sprent and Surh, 2001).

La modulation de la cinétique de contraction programmée semble cependant possible. En effet qu'advient-il lorsque le pathogène n'est pas contrôlé dans la cinétique d'induction de la contraction ? Le cas des infections chroniques en est l'exemple. Les travaux de Matloubian et col démontrent que la réponse cytotoxique, lors d'une infection virale aiguë par le LCMV, suffit à contrôler l'infection. Par contre, l'intervention des lymphocytes CD4 est nécessaire pour maintenir cette réponse en cas d'infection chronique (Matloubian et al., 1994). En effet, l'ajout de cytokines de la famille de l'IL-2 (IL-4, IL-7, IL-15) induit la survie des lymphocytes activés (Vella et al., 1998). De plus, les lymphocytes mémoires présentent une phase de contraction moins forte que celle observée durant la réponse primaire (Badovinac et al., 2002; Grayson et al., 2002), suggérant qu'ils seraient capables de changer leur programme de contraction.

Le rôle de l'Ag dans ce mécanisme de contraction reste encore vague dans la mesure où il n'est pas certain que son élimination complète soit requise pour l'induction de la contraction. Le modèle proposé par R. Ahmed **(Figure 18)** suggère que les fonctions effectrices des lymphocytes diminuent avec la persistance de l'Ag, ce qui est observé lors des infections chroniques. L'accumulation de l'interaction avec l'Ag augmenterait la susceptibilité à l'apoptose et diminuerait la quantité de cellules mémoire formées (Kaech et al., 2002b). Dans ce cas, l'élimination ou la dysfonction des clones résulterait plus de la délétion ou l'épuisement clonal, indépendamment d'un contrôle homéostatique (Moskophidis et al., 1993a; Pantaleo et al., 1997). Il est très probable que les phénomènes d'activation induisant la mort et la contraction clonale se chevauchent durant la période de clairance de l'Ag. Cependant, ils sont indépendants puisque la contraction n'intervient théoriquement que lorsque l'Ag a été éliminé de l'organisme et que l'AICD est un phénomène hautement dépendant de l'interaction du TCR avec son ligand.

3. L'activation induisant la mort cellulaire (AICD).

L'AICD, impliqué dans la sélection négative lors de la maturation thymique des lymphocytes pour le respect de la tolérance au soi, est aussi un mécanisme important de régulation en périphérie. Ce processus dépend de la présence des cytokines de croissance telle l'IL-2 et du degré d'activation du TCR relatif à la quantité d'Ag (Liblau et al., 1994). La cellule T, une fois activée, devient particulièrement sensible à l'apoptose dans des conditions particulières (Boehme and Lenardo, 1993a; Lenardo, 1991), ce qui apparaît paradoxal, considérant que la réponse première d'un lymphocyte T après stimulation est la prolifération. En effet, si un lymphocyte T qui prolifère sous influence de l'IL-2 après stimulation antigénique, est restimulé par son TCR, alors il entre en apoptose (Lenardo, 1991).

Ce phénomène considéré comme une boucle de contrôle négatif de la prolifération lymphocytaire (Lenardo et al., 1999) requiert de l'IL-2, une importante quantité d'Ag et nécessite que les cellules se divisent puisqu'il intervient durant la phase S du cycle cellulaire (Boehme and Lenardo, 1993b) ou G1 pour d'autres (Lissy et al., 1998). L'activation des voies apoptotiques passe par FasL et TNF comme décrit précédemment (Brunner et al., 1995; Dhein et al., 1995a; Ju et al., 1995; Zheng et al., 1995). En effet, la voie Fas/FasL semble être impliquée, considérant le syndrome lymphoprolifératif observé chez les souris *lpr* (lymphoprolifération) (Russell et al., 1993) et *gld* (lymphadénopathie généralisée) (Russell and Wang, 1993) (déficientes en Fas et FasL respectivement) ou encore les cas de lymphomes humains d'individus ayant une dysfonction de Fas (Beltinger et al., 1998; Rieux-Laucat et al., 1995; Tamiya et al., 1998). Cependant, ce processus reste hautement sélectif car seules les

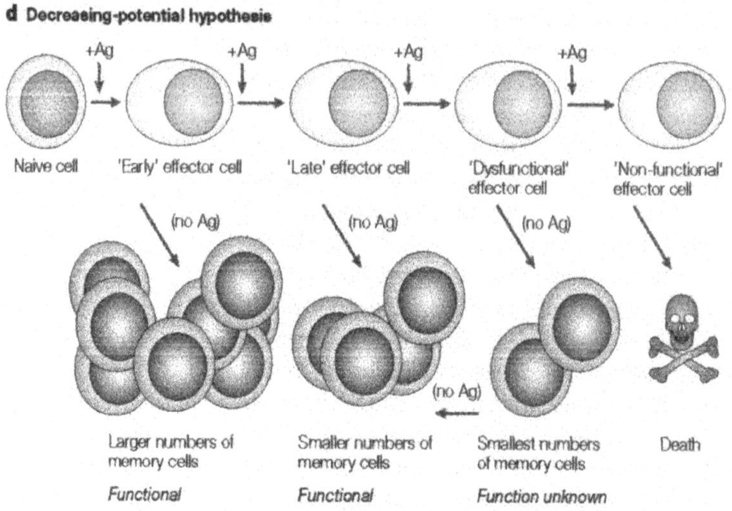

Figure 18. Modèle du rôle de la persistance de l'antigène dans la différenciation des lymphocytes et leur susceptibilité à la mort cellulaire. (Kaech et col , 2002).

cellules qui réengagent leur TCR y sont sensibles. L'activation par le TCR induit une diminution de l'expression de la protéine inhibitrice de l'apoptose, FLIP, par l'intermédiaire de l'IL-2 au cours de la phase S du cycle cellulaire, ce qui sensibilise spécifiquement la cellule activée à l'apoptose (Algeciras-Schimnich et al., 1999). L'utilisation d'agonistes partiels a mis en évidence que l'engagement du TCR fournit un signal de "compétence à mourir" et que l'activation directe de Fas ou du TNFR ne suffit pas à induire l'apoptose (Combadiere et al., 1998a). Ce paramètre permet d'éviter l'élimination inappropriée de cellules voisines qui expriment l'un ou l'autre des récepteurs de mort et permet une élimination clonale précise.

À la différence de l'activation, les molécules de co-stimulation comme le CD28 n'ont pas d'effet sur l'induction de la mort (Boehme et al., 1995). La contribution qualitative et quantitative de la chaîne ζ du TCR sur l'apoptose a été précisément évaluée et révèle que les différents ITAMs de la chaîne n'interviennent pas de la même façon dans la signalisation de la mort cellulaire (Combadiere et al., 1996). De même, Orchansky et col ont montré que les différents éléments du CD3 avaient un profil de phosphorylation différent après réengagement du TCR, entre les cellules CD8 qui prolifèrent, sensibles à l'apoptose, et les CD8 naïfs (Orchansky and Teh, 1994). Ceci reflète l'influence de l'intensité du signal TCR sur le devenir de la cellule. Les variants peptidiques qui, comme nous l'avons vu, induisent un profil de phosphorylation particulier des éléments du complexe TCR, devraient avoir un rôle majeur dans le contrôle de la réponse lymphocytaire. Combadière et col ont caractérisé des peptides variants restreints à un clone CD4, capables d'induire de façon sélective la mort cellulaire sans y associer la production des cytokines, IL-2, IL-3 et IFNγ, normalement libérées lors de la stimulation avec le peptide agoniste nominal (Combadiere et al., 1998b). Cette propriété a un intérêt certain dans les mécanismes d'induction de mort cellulaire des cellules activées sans simultanément relarguer des médiateurs de l'inflammation.

La nature de la stimulation est encore une fois déterminante dans le devenir de la cellule. L'absence de molécule CD4 sensibilise à la mort cellulaire lors de l'interaction, alors que sa présence favorise la survie des lymphocytes (Maroto et al., 1999). De plus, certains agonistes partiels sont capables d'induire la mort cellulaire par une voie alternative indépendante de Fas et des TNFRs (Wei et al., 2001).

Le phénomène d'AICD est beaucoup plus largement décrit sur les lymphocytes T CD4 que sur les lymphocytes T CD8. Les travaux de Alexander-Miller et col montrent que les CD8 sont sensibles à l'AICD dépendante du TNFα et de la diminution de l'expression de Bcl-2. Il apparaît paradoxal que des lymphocytes CD8 dont la fonction est de lyser les cellules cibles successivement, soit sensibles à l'AICD par l'interaction continue du TCR avec son ligand. Cependant, à forte dose d'Ag, l'induction de la cytotoxicité intervient avant la mort du lymphocyte (Alexander-Miller et al., 1998; Alexander-Miller et al., 1996). Une étude récente a mis en évidence une différence de susceptibilité à l'apoptose entre les CD8 présents dans les organes lymphoïdes secondaires et les CD8 présents dans les tissus non-lymphoïdes (Wang et al., 2003). La résistance de ces derniers pourrait être liée au fait que les cellules effectrices présentes dans les tissus périphériques ne se divisent plus mais exercent leurs fonctions cytotoxiques. L'induction de la mort cellulaire dépend ainsi à la fois de l'efficacité et de la qualité de la présentation de l'Ag et de l'état d'activation ou de différenciation de la cellule T (Critchfield et al., 1995).

4. L'activation induisant l'absence de réponse (AINR : activation-induced non-responsiveness).

Un concept plus récent décrit qu'indépendamment d'une stimulation altérée, les CD8 sont rapidement soumis à un mécanisme physiologique d'anergie, l'AINR, moins drastique que l'AICD car il n'induit pas la mort cellulaire (Tham et al., 2002). L'AINR consiste en une perte de la capacité à produire de l'IL-2 par les CD8 bien qu'ils conservent leurs fonctions effectrices (IFNγ et cytotoxicité). Les CD8 sont donc dépendants de l'IL-2 pendant une brève période. L'apport d'IL-2 par les CD4 permet aux CD8 de poursuivre leur prolifération (Tham and Mescher, 2002). Cependant, une étude a révélé que les CD4 aussi subiraient une phase d'AINR par activation prolongée de l'Ag (De Mattia et al., 1999). Ces données suggèrent un équilibre des phénomènes AICD et AINR, limitant l'expansion clonale des cellules activées, contribuant à un contrôle homéostatique précoce de la réponse immune.

5. Implications physiopathologiques et thérapeutiques.

Les systèmes de régulation évoqués précédemment expliqueraient les observations d'épuisement ou de suppression de la réponse immune dans le cas de stimulations antigéniques répétées ou d'infections chroniques. Dans le cas de l'infection par le VIH, l'analyse des cellules cytotoxiques spécifiques du VIH chez des patients, a démontré qu'un nombre significatif de clones impliqués dans la réponse primaire, disparaissaient rapidement (Pantaleo et al., 1997). De la même façon, dans un modèle murin, l'infection chronique par le

LCMV entraîne l'élimination par apoptose de la population de lymphocytes mémoires transférés (Moskophidis et al., 1993a). Ainsi, l'efficacité protectrice et la tolérance se situent sur deux points quantitativement différents sur l'échelle de la réponse immune (Moskophidis et al., 1993b).

En plus de son implication dans la maturation thymique des lymphocytes, l'AICD apparaît comme un système efficace de contrôle de prolifération anarchique de cellules auto-réactives qui auraient échappé à la sélection thymique. Jones et col ont très tôt impliqué la délétion clonale périphérique de cellules T auto-réactives dans les mécanismes de tolérance périphériques (Jones et al., 1990). Cette propriété offre des perspectives intéressantes de thérapie envers les pathologies à désordres auto-immuns ou en transplantation.

L'encéphalomyélite auto-immune est un exemple de pathologie dont le traitement par de fortes doses d'Ag a été validé chez la souris (Critchfield and Lenardo, 1995; Critchfield et al., 1994). Le diabète, l'arthrite rhumatoïde et les scléroses sont autant de cibles sur lesquelles peut être appliquée cette stratégie thérapeutique.

L'utilisation de fortes doses d'Ag pour induire la délétion clonale présente aussi de grandes perspectives dans l'amélioration des prises de greffes, pouvant remplacer l'usage d'immunosuppresseurs qui ont d'importants effets secondaires. Il est évident que la définition du ou des Ags dominants sur le vaste ensemble de restriction du CMH humain sera une des difficultés à surmonter.

Les mécanismes de contrôle de l'intégrité du réservoir lymphocytaire interviennent aussi bien lorsqu'il y a trop ou trop peu d'Ag. L'équilibre entre l'IL-2 et l'Ag agira sur la survie lymphocytaire. Les lymphocytes qui échapperont à ce contrôle drastique acquerront une longue durée de vie et intégreront le compartiment de cellules mémoires **(Figure 19).**

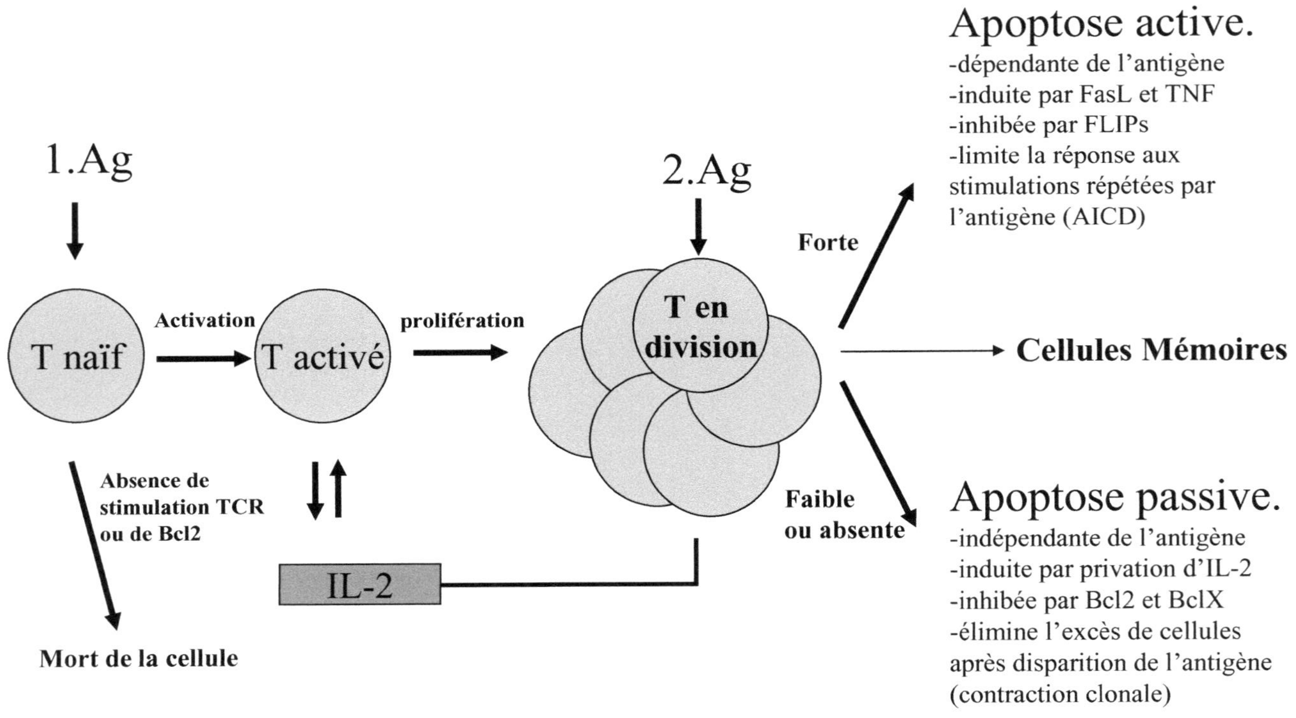

Figure 19. Contrôle de la réponse immune T par l'antigène

(issue de : Lenardo et col, 1999)

Chapitre IV. Rôle de l'Ag dans la mise en place et le maintien de la mémoire Immunologique.

La mémoire immunologique est probablement l'un des rares concepts universellement reconnus. Elle est définie par la capacité du système immunitaire à répondre plus rapidement et plus fortement que lors de la réponse primaire, à leur ré-exposition au même Ag.

Cette propriété avait déjà été remarquée il y a plus de 2000 ans pendant la guerre du Péloponnèse à Athènes où durant les périodes d'épidémie (probablement de variole selon les descriptions), il avait été compris qu'un individu n'était jamais malade deux fois (Retief and Cilliers, 1998). Dès le 16e siècle, les chinois procédaient à des techniques de "variolisation" en faisant porter aux hommes des vêtements provenant de personnes infectées (Leung, 1996). Cependant les débuts de l'immunologie sont associés à la découverte d'Edward Jenner. Celui-ci a mis en évidence en 1796, que le virus de la vaccine, isolé chez la vache, induisait la protection contre le virus de la variole chez l'homme. Ce procédé, baptisé "vaccination", reposait sur les principes fondamentaux, alors inconnus, de la mémoire immunologique (Hilleman, 2000). La notion que la mémoire immunologique pouvait persister durant toute une vie provient de Panum, qui a observé sur les îles Feroes que seules les personnes âgées, infectées par le virus de la rougeole, étaient protégées contre une épidémie de rougeole apparue 65 ans plus tard (Panum, 1939). À l'heure actuelle, la vaccination est devenue populaire et correspond pour la médecine moderne, au plus grand succès de santé publique. L'éradication officielle de la variole a été déclarée en 1979, celle de la poliomyélite est prévue par l'organisation mondiale de la santé en 2005 et la mortalité causée par une dizaine de maladies a été considérablement réduite à travers le monde. Si la vaccination avait au départ pour but d'induire une immunité à long terme en ciblant sur l'induction d'un titre en anticorps le plus important possible, depuis les années 1990, elle s'intéresse beaucoup plus à l'importance des cellules T dans la protection contre les pathologies (Esser et al., 2003).

L'induction d'une réponse immune mémoire efficace à long terme est l'objectif majeur de la vaccination. Pour cela, l'identification des facteurs favorisant la maintenance de la mémoire cellulaire est fondamentale. La compréhension des mécanismes de la mémoire immunologique représente un sujet d'investigation d'une importance considérable.

1. Caractérisation des lymphocytes T mémoires.

1.1. Marqueurs phénotypiques.

Les cellules mémoires peuvent être distinguées des cellules activées et naïves par un grand nombre de molécules de surface. Chez l'homme, l'expression des isoformes de CD45 a longtemps permit de distinguer les cellules naïves (CD45RA+ RO-) et les cellules mémoires (CD45 RA-RO+). Il a rapidement été mis en évidence qu'une proportion de cellules mémoires CD45RO+ étaient capables de ré-exprimer l'isoforme CD45RA aux dépens du CD45RO, définissant une population de cellules mémoires révertantes (Beverley et al., 1993; Tough and Sprent, 1994). De plus, la caractérisation de nombreuses molécules de surfaces a abouti à la subdivision du compartiment de cellules mémoires en fonction du stade de différenciation, laissant l'utilisation du CD45 totalement insuffisant pour définir les cellules mémoires (Hamann et al., 1999a; Hamann et al., 1999b). L'une des distinctions majeures est celle faite entre les cellules mémoires et les cellules mémoires-effectrices, grâce au co-marquage avec le CD27 ou encore le CD28 (Hamann et al., 1997). L'absence d'expression de ce dernier reflète les cellules T humaines avec un potentiel cytolytique (Azuma et al., 1993). L'expression des molécules de surface chez la souris est nettement moins connue et la caractérisation des cellules mémoires repose essentiellement sur l'expression des molécules d'adhésion, CD44 et CD62L (L-selectin) (McHeyzer-Williams and Davis, 1995). Cependant, ces marqueurs ne permettent pas de différencier les cellules activées tardives des cellules mémoires. De plus, la diminution de l'expression de CD62L après activation de la cellule, peut être récupérée par la cellule mémoire. Ainsi, l'utilisation de ces marqueurs nécessite beaucoup de précautions pour distinguer les cellules mémoires.

1.2. Fonctions de la mémoire.

L'intérêt d'une réponse mémoire est d'être plus rapide, plus forte, donc plus efficace que la réponse primaire. Ces propriétés correspondent à une augmentation de la fréquence des cellules T spécifiques d'Ag aussi bien CD4 que CD8 par rapport à la réponse primaire (Ahmed and Gray, 1996; Bradley et al., 1991; Doherty et al., 1996; Owen et al., 1982). Aussi bien pour les CD4 que les lymphocytes CD8, l'acquisition des fonctions effectrices optimales dure 4 à 5 jours pour les cellules naïves et seulement 1 à 2 jours pour la population mémoire

(Bradley et al., 1991; Swain et al., 1990). L'efficacité de la réponse secondaire est au moins due aux modifications du répertoire d'origine. Bien que la maturation du récepteur spécifique n'ait pas été mise en évidence comme pour les lymphocytes B, une maturation relative de la population polyclonale a pu être constatée par la sélection des clones ayant la meilleure affinité pour l'Ag (Busch and Pamer, 1999; McHeyzer-Williams et al., 1999). De cette façon, les cellules mémoires apparaissent plus facilement activables que les cellules naïves, car elles requièrent moins d'Ag (Pihlgren et al., 1996), ainsi que de signaux de co-stimulation (Croft et al., 1994; Dubey et al., 1996; Mullbacher and Flynn, 1996). D'autres part, les cellules mémoires CD8 ont un profil de production de cytokines, comme l'IFNγ et le TNFα, quantitativement mais aussi qualitativement différent des cellules effectrices (Lalvani et al., 1997; Slifka and Whitton, 2000). De même, les lymphocytes CD4 mémoires produisent de plus grandes quantités de cytokines que les cellules naïves, telles que l'IL-3 –4 –5 –6 et IFNγ, selon la polarisation de la cellule (Swain, 1994).

Bien que pour certains, les cellules mémoires et les cellules naïves possèdent les mêmes capacités prolifératrices (Zimmermann et al., 1999), il est largement reconnu que les cellules mémoires prolifèrent et acquièrent leurs fonctions effectrices plus vite (Dutton et al., 1998). Dans le cas du maintien homéostatique de la population lymphocytaire, les cellules mémoires présentent une prolifération homéostatique plus importante que les cellules naïves (Surh and Sprent, 2000).

La recirculation des lymphocytes T mémoires fait partie intégrante de la fonction mémoire. Il est connu depuis longtemps que les cellules mémoires ont un potentiel migratoire différent des cellules naïves. Les cellules mémoires migrent en premier dans les organes non-lymphoïdes, sont drainées par la lymphe dans les ganglions et retournent dans le sang périphérique (Mackay et al., 1990), alors que les cellules naïves entrent dans les ganglions par le sang et ne migrent pas ou peu dans les tissus non-lymphoïdes. L'étude de l'expression du récepteur aux chimiokines : CCR7 par Sallusto et col a apporté la notion nouvelle que les différentes sous-populations de lymphocytes T mémoires sont associées à des capacités différentes de migration dans les organes lymphoïdes secondaires. Les cellules CD45RO+CCR7+ définies comme cellules "mémoires centrales", ont la capacité de recirculer dans les organes lymphoïdes secondaires et les CD45RO+ CCR7- ou "mémoires-effectrices", migrent préférentiellement dans les tissus périphériques (Sallusto et al., 2000; Sallusto et al., 1999). Cependant, la migration des lymphocytes T mémoires dans les organes non-lymphoïdes ne semble pas avoir lieu en l'absence de réponse immune (Kundig et al., 1996a). Les capacités migratoires des lymphocytes restent encore un vaste terrain d'investigation. Les voies de ré-exposition à l'Ag ont une importance considérable sur la dynamique de la migration des cellules mémoires. Ce sujet sera l'objet de discussions dans l'article 4.

2. Origine des cellules mémoires

La génération des cellules mémoires est l'aboutissement d'un équilibre complexe entre survie et mort cellulaire à la fin de la réponse primaire. Le mécanisme par lequel les lymphocytes mémoires échappent à la contraction clonale est très peu connu. La question majeure soulevée est de déterminer si les cellules mémoires sont issues de cellules effectrices ou bien de cellules naïves activées par l'Ag, qui ont contourné la voie de différenciation en effectrices (Sprent and Surh, 2001). L'origine même des cellules mémoires fait l'objet de différents modèles de différenciation. Le premier, 'modèle linéaire', propose que la cellule mémoire dérive directement de la cellule effectrice. Le second, 'modèle branché', prétend que les cellules effectrices et les cellules mémoires sont des lignées séparées, que les cellules effectrices sont vouées à mourir et les cellules mémoires à survivre **(Figure 20A)**.

Le **'modèle linéaire'** de la différenciation soutenu par le groupe de R. Ahmed établit que les cellules mémoires sont des descendantes directes des cellules effectrices (Jacob and Baltimore, 1999; Opferman et al., 1999), que la différenciation est optimale au bout d'un certains temps après la fin de la réponse primaire (Kaech et al., 2002a) et qu'elle ne nécessite pas plus de divisions cellulaires (Hu et al., 2001). Au sein même de la population mémoire, il a été mis en évidence deux sous populations qui diffèrent par leur aptitude à répondre à une seconde stimulation par l'Ag (Oehen and Brduscha-Riem, 1998). Wherry et col ont mis en évidence les étapes de différenciation des sous populations mémoires effectrices (T_{EM}) et mémoires centrales (T_{CM}) et proposent que les cellules T_{EM}, issues de la réponse primaire, se différencient après contrôle de l'infection en cellules T_{CM}, qui confèrent une meilleure protection aux infections subséquentes (Wherry et al., 2003). Kaech et col, par l'étude du transcriptome des populations naïves, effectrices et mémoires, ont pu mettre en place un modèle de différenciation progressive des cellules CD8 effectrices en cellules mémoires qui dure une vingtaine de jours après la disparition de l'Ag **(Figure 20b)** (Kaech et al., 2002a). Le terme "différenciation progressive" ne doit pas être confondu avec celui utilisé par l'équipe de Lanzavecchia évoqué précédemment en **figure 14B**. Ce modèle décrit une hiérarchie dans l'intensité de la stimulation lors de la réponse primaire qui induit selon une intensité croissante de stimulation, la prolifération de la cellule naïve, l'acquisition du phénotype

A

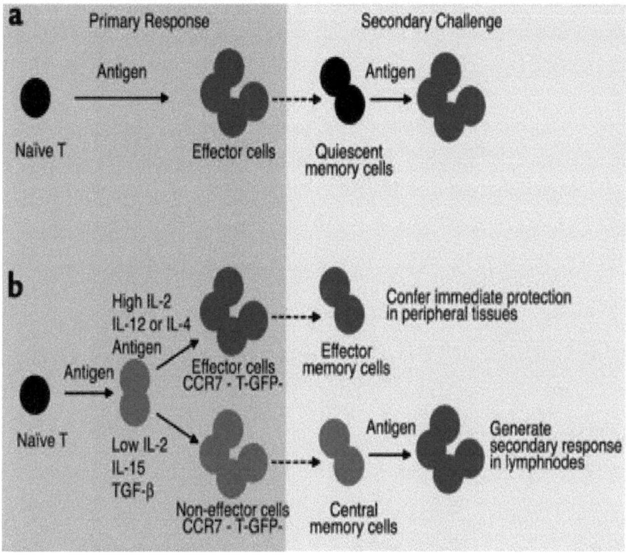

Modèle de différenciation des cellules mémoires
a) modèle linéaire de différenciation.
b) Modèle branché de différenciation d'après les travaux de Manjunath et col 2001. (Sallusto et col 2001).

B

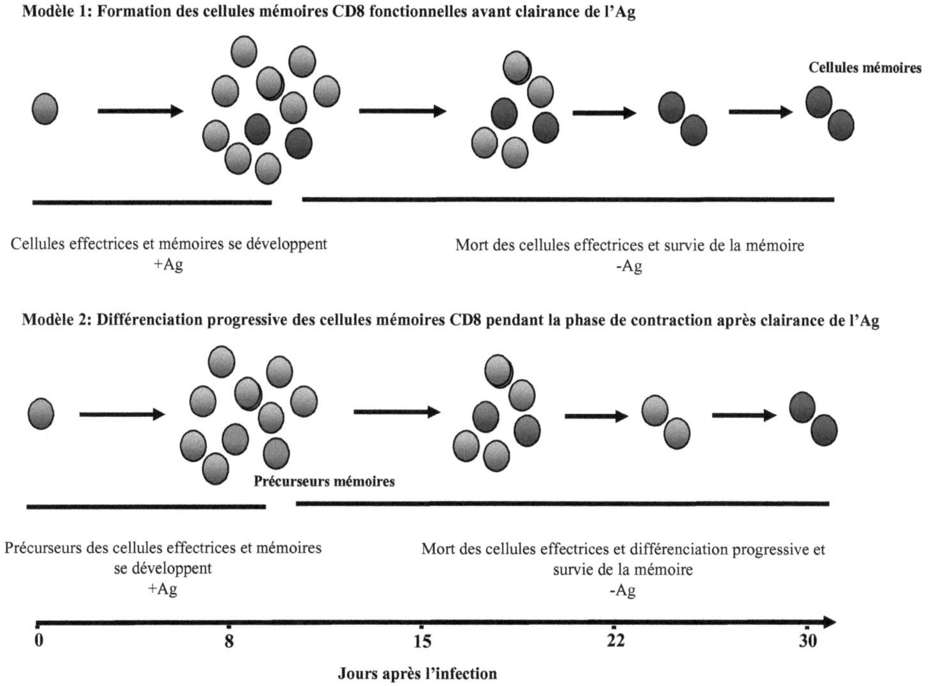

Modèle de différenciation progressive (Kaech et col 2002)

Figure 20.

"adapté" (chapitre 2), l'acquisition des fonctions effectrices, la capacité à migrer et enfin la sensibilité à la mort cellulaire (Lanzavecchia and Sallusto, 2002). Ainsi, la différenciation progressive selon Lanzzavecchia et col dépend de la durée de la stimulation du TCR et celle définit par le groupe de R. Ahmed ne dépend plus de l'Ag mais du temps nécessaire à la cellule effectrice pour se différencier progressivement en cellule mémoire.

Un modèle de différenciation linéaire inverse a aussi été proposé dans lequel les cellules mémoires arrivent en premier et deviennent ensuite des cellules effectrices lorsqu'elles sont restimulées par l'Ag (Champagne et al., 2001; Sallusto et al., 1999).

Une hypothèse récente suggère que les cellules productrices d'IFNγ ont une courte durée de vie alors que les cellules activées, non productrices d'IFNγ, sont capables de survivre à long terme et de produire de l'IFNγ après ré-activation par l'Ag (Dooms and Abbas, 2002; Wu et al., 2002) **(figure 21)**. Ce modèle est cohérent avec le rôle de l'IFNγ dans l'induction des voies d'apoptose (Refaeli et al., 2002) et le **'modèle branché'** de différenciation, pour lequel les cellules effectrices sont éliminées. Ce modèle relève de l'observation par Lauvau et col qu'il est possible de dissocier la génération d'une population cellulaire protectrice d'une population à longue durée de vie, selon la viabilité du pathogène infectieux (Lauvau et al., 2001). Cette dissociation a pu être confirmée par Manjunath et col qui ont mis en évidence que la différenciation en cellules effectrices n'est pas forcément requise pour générer des cellules mémoires et que celles-ci peuvent provenir directement de cellules activées, cultivées en présence d'IL-15 et de faibles doses d'IL-2 (Manjunath et al., 2001; Sallusto and Lanzavecchia, 2001).

Selon le groupe de R. Ahmed, les différences observées entre ces différents modèles ne s'expliquent pas forcément sur le simple fait que les études ont été réalisées chez l'homme ou chez la souris mais plus vraisemblablement sur le fait que les modèles sont basés sur la différenciation lymphocytaire au cours d'infections aiguës chez la souris (LCMV, *L. monocytogenes*) ou chroniques chez l'homme (HIV, EBV, CMV) (Seder and Ahmed, 2003). De plus, Il apparaît que les différentes étapes de conversion d'une cellule naïve en cellule mémoire dépend à la fois du tissu dans lequel les cellules se trouvent (Masopust et al., 2001), donc de l'environnement cytokinique (Manjunath et al., 2001), mais aussi de l'intensité de la stimulation, qui sera responsable de la différenciation progressive selon Lanzavecchia et col (Lanzavecchia and Sallusto, 2002).

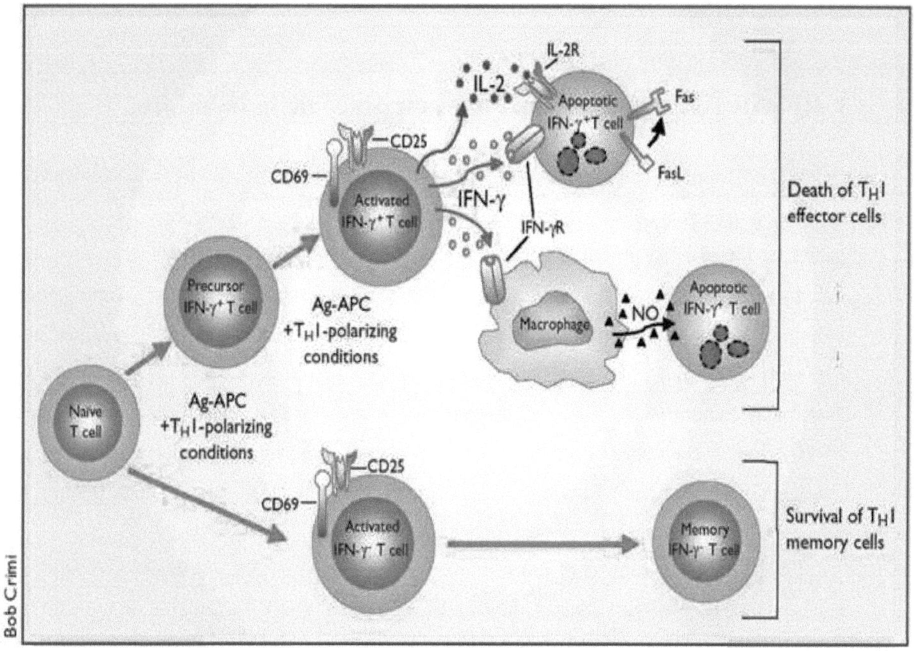

Figure 21. Rôle de l'IFNγ dans le devenir des cellules effectrices (Dooms et col, 2002).

3. Rôle de l'antigène dans la mise en place de la mémoire.

L'influence de la qualité de l'immunisation sur la réponse mémoire semble démontrée. En effet, plusieurs modèles décrivent que l'intensité de la réponse mémoire dépend de la qualité de l'expansion primaire des cellules lors de l'immunisation (Hou et al., 1994). De plus, lors de l'infection, l'immunodominance de certains épitopes va causer l'amplification préférentielle de certains clones par rapport à d'autres (Busch and Pamer, 1998), générant une diversité plus restreinte mais présentant une affinité plus grande. Cette expansion sélective aboutit à la maturation de l'affinité générale des clones T spécifiques (Busch and Pamer, 1999) et donc à une optimisation de la détection précoce des infections en réponse mémoire. L'influence de la quantité de signal délivrée par l'Ag aux cellules T pour induire la différenciation en cellule mémoire est un peu controversée.

Un certain nombre d'études ont montré que la capacité à constituer une réponse mémoire était possible en l'absence de stimulation répétée avec l'Ag. En effet, le transfert de cellules effectrices générées in vivo dans un hôte non immunisé aboutit au développement d'une population de cellules mémoires (Bruno et al., 1995; Lau et al., 1994), suggérant que la présence maintenue de l'Ag n'est pas nécessaire à la différenciation des cellules mémoires. Plus récemment, les travaux réalisés sur la programmation des lymphocytes CD8 par l'Ag, dans un modèle infectieux par le LCMV, ont aussi montré qu'une stimulation de courte durée par l'Ag, lors de l'immunisation des souris, suffisait à constituer une réponse mémoire et à se différencier progressivement (Kaech and Ahmed, 2001). Les différentes étapes de différenciation des lymphocytes mémoires T_{EM} puis T_{CM} sont aussi programmées dès le début de la réponse immune (Wherry et al., 2002).

Au contraire, d'autres travaux proposent que la différenciation des cellules naïves en cellules mémoires soit dépendante de l'interaction récurrente avec l'Ag. La différenciation progressive selon Lanzzavecchia et col en est un exemple. Le devenir de ces cellules repose sur une loi stochastique déterminée par l'Ag. Ainsi, l'intensité et la nature de la stimulation, en réponse primaire, détermineront l'induction de la tolérance ou l'acquisition de la mémoire immunologique de façon très précoce dans la réponse immune.

L'ensemble de ces études ne tient pas compte du rôle possible d'Ag à réactivité croisée (Matzinger, 1994). La réactivité croisée des cellules en cours de différenciation avec des Ags de faible avidité pourrait influencer la différenciation progressive des cellules mémoires selon Kaech et col **(Figure 20B)**. Cette différenciation a lieu longtemps après que l'Ag nominal a été éliminé (Kaech et al., 2002a). Ainsi, lorsque celui-ci est éliminé, un certain nombre d'Ags du soi seraient capables de prendre le relais dans la mise en place de la mémoire.

4. Rôle de l'antigène dans le maintien de la mémoire.

La compréhension du rôle de l'Ag dans le maintien de la mémoire immunologique est une question qui remonte à plus de 30 ans (Celada, 1971). Son rôle faisant l'objet de controverses, n'est à l'heure actuelle pas encore élucidé (Dutton et al., 1998).

L'idée que l'Ag est requis pour le maintien de la mémoire vient en partie de l'observation que les cellules mémoires ont une prolifération homéostatique importante et qu'il était supposé que les cellules ne prolifèrent qu'en réponse à l'Ag (Mackay et al., 1990). De la même façon, les cellules mémoires doivent être capables de circuler dans les tissus pour exercer leur fonction de surveillance, cette propriété n'étant possible que si l'Ag persiste (Kundig et al., 1996a; Kundig et al., 1996b). Dans ces travaux, il a été observé que le nombre de cellules circulantes en périphérie diminuait en l'absence d'Ag. Plusieurs autres études ont conclu que la persistance de l'Ag était nécessaire car les cellules mémoires ne survivent pas longtemps en l'absence d'Ag (Gray and Matzinger, 1991; Oehen et al., 1992).

Au contraire, d'autres travaux prétendent que la survie des lymphocytes T mémoires ne nécessite pas la persistance de l'Ag nominal (Hou et al., 1994; Lau et al., 1994; Tanchot et al., 1997). Comme évoqué précédemment, la persistance de l'Ag peut à l'inverse avoir un effet néfaste sur la mémoire immunologique, en aboutissant à l'épuisement clonal ou à l'anergie des cellules (Rocha et al., 1995).

Ces travaux ne peuvent exclure l'hypothèse d'un ligand semblable, sinon le même que celui utilisé lors de la sélection positive dans le thymus, capable d'interagir suffisamment avec le TCR des cellules mémoires pour permettre la survie (Bruno et al., 1996; Markiewicz et al., 1998). L'hypothèse que la survie des cellules T mémoires dépend de la reconnaissance par réactivité croisé de peptides du soi a été soulevée (Beverley, 1990). Pourtant, le transfert de cellules mémoires dans des souris déficientes pour les gènes du CMH a révélé que les cellules étaient tout de même capables de persister, contrairement aux cellules naïves, en l'absence d'interaction du TCR (Murali-Krishna et al., 1999; Swain et al., 1999). À l'opposé, d'autres travaux ont montré l'importance du CMH dans le maintien des cellules mémoires (Tanchot et al., 1997).

De quelle manière, ces différentes observations peuvent-elles être réconciliées ?

La plus simple manière est d'affirmer que tous facteurs immunogènes induiront une réponse immune différente, avec une polarité cellulaire variable et donc la mise en place d'une mémoire immunologique différente. Le type de réponse, cellulaire ou humorale, CD4 ou CD8, impliquera des facteurs de maintenance différents. Si Di Rosa et Matzinger ont montré que la mémoire CD8 ne nécessite pas la persistance des lymphocytes CD4 (Di Rosa and Matzinger, 1996), des travaux plus récents prétendent que les lymphocytes CD4 sont requis durant la réponse primaire pour permettre l'induction d'une réponse mémoire CD8 efficace (Kaech and Ahmed, 2003; Shedlock and Shen, 2003; Sun and Bevan, 2003). La présence de facteurs cytokiniques dans le maintien de la mémoire sera aussi déterminante (Geginat et al., 2003; Geginat et al., 2001).

Une autre notion a émergé des travaux de Kassiostis et col. Ceux-ci ont utilisé un modèle de transfert adoptif d'une population de lymphocytes T CD4 mémoires dans un hôte, en absence de molécules du CMH de classe II ou en présence de molécules du CMH de classe II allogéniques, pour autoriser une interaction non spécifique, pouvant favoriser la survie cellulaire (Kassiotis et al., 2002). Ces travaux révèlent que les lymphocytes CD4 mémoires sont capables de survivre en l'absence de contact avec les molécules du CMH de classe II mais que ceux-ci présentent certains défauts de fonctionnalité après stimulation par l'Ag. Ces travaux distinguent le rôle de la stimulation du TCR dans la survie des cellules mémoires et dans le maintien de la fonctionnalité de la mémoire, ce qui amène à une réflexion importante quant à l'implication du ligand du TCR dans la maintenance de la mémoire immunologique. (Rocha, 2002).

Présentation des travaux.

Articles présentés :

"Differential requirement of caspases during naive T cell proliferation."

Boissonnas A., Bonduelle O., Lucas B., Debre P., Autran B., Combadiere B. **Eur. J. Immunol. 2002**

Balance between cell division and cell death during TCR triggering.
Boissonnas A. and Combadière B. **Manuscrit en préparation.**

In Vivo Priming Of HIV-Specific CTLs Determines Selective Cross-Reactive Immune Responses Against Poorly Immunogenic HIV-Natural Variants.

Boissonnas A., Bonduelle O., Antzack A., Lone Y-C, Gache C., Debre P., AutranB., Combadiere B. **J. Immunol. 2002.**

Antigen distribution drives CD8 cell migration and determines its efficiency.
Boissonnas A; Lavergne E; Combadière C; Maho M; Blanc C; Debré P; Combadière B. **Soumis pour Publication.**

Differences in persistence of long-term proliferative and IFNγ-producing T cell memory to smallpox virus in humans.
Behazine Combadière*, **Alexandre Boissonnas***, Guislaine Carcelin, Evelyne Lefranc, Assia Samri, François Bricaire, Patrice Debré, Brigitte Autran. **Soumis pour publication**

* Coauteurs.

Articles en collaboration :

Cross-Reactive Immune Responses Against HIV-1 RT Drug-Induced Variants
Mutsunori Iga, **Alexandre Boissonnas**, Brigitte Autran, Olivia Bonduelle, Assia Samri, Patrice Debre, Behazine Combadière*. **Manuscrit en préparation**

Fractalkine mediates NK-dependent antitumor responses in vivo
Elise Lavergne, Behazine Combadière, Olivia Bonduelle, Mutsunori Iga, Ji-Liang Gao, Maud Maho, **Alexandre Boissonnas**, Philip M. Murphy, Patrice Debré and Christophe Combadière. **Cancer research sous presse**

Intratumoral DNA Injection of CCL5-Ig Induces Effective Gene Therapy And Immune Responses In Vivo
Elise Lavergne*, Christophe Combadière*, Mutsunori Iga, **Alexandre Boissonnas**, Olivia Bonduelle, Patrice Debré and Béhazine Combadière. **Soumis pour publication**.

Article n° 1 "Differential requirement of caspases during naive T cell proliferation." Eur. J. Immunol. 2002

Boissonnas A., Bonduelle O., Lucas B., Debre P., Autran B., Combadiere B.

Objectifs : Cet article s'inscrit dans le cadre de l'étude du rôle des variants antigéniques sur l'homéostasie des lymphocytes T CD4 et illustre l'intérêt des variants dans l'analyse des mécanismes d'activation cellulaire. Nous avons utilisé ces propriétés dans l'étude de l'effet de l'intensité du signal TCR sur l'activation des caspases et l'implication de l'interaction Fas/FasL au cours de la prolifération des lymphocytes T CD4 matures.

Généralités.

Les variants antigéniques décrits dans le premier chapitre, de par leurs propriétés d'agonistes faibles, partiels ou d'antagonistes, présentent un grand intérêt dans l'étude des mécanismes moléculaires d'activation des lymphocytes. En effet, la modulation de l'intensité du signal TCR induit l'activation différentielle de certaines voies moléculaires par rapport à la stimulation par le peptide agoniste (Evavold et al., 1993; Rabinowitz et al., 1996).

Le couple Fas/FasL et les caspases sont des molécules qui sont, sans controverse, impliquées dans les mécanismes moléculaires de la mort cellulaire programmée (Dhein et al., 1995b; Rathmell and Thompson, 1999). De façon plus surprenante, ces molécules ont aussi été impliquées dans l'activation et la prolifération lymphocytaire (Alam et al., 1999; Kennedy et al., 1999). Ces travaux ont montré que l'ajout d'analogues de substrats de certaines caspases inhibait la prolifération des lymphocytes. D'autre part, par les techniques de Western Blot, ils ont pu détecter la forme activée de certaines caspases précocement après activation de lymphocytes T humains dans des cellules non apoptotiques. Cette activation aboutissait au clivage de certaines protéines, substrats des caspases, impliquées dans la réparation de l'ADN ou le cycle cellulaire. Ces mêmes travaux ont pu associer le rôle de Fas comme co-stimulateur de la prolifération des lymphocytes. L'ajout de FasL soluble ou de Fas-Fc augmentait ou diminuait respectivement la prolifération cellulaire et la production d'IL-2 (Kennedy et al., 1999). De plus, il avait été remarqué que les souris déficientes pour le gène de la protéine FADD présentaient des défauts de prolifération (Zhang et al., 1998). La protéine FADD est impliquée dans l'agrégation et le recrutement au niveau membranaire des éléments du DISC responsables de l'activation de la caspase-8, qui est initiatrice de la cascade d'activation de l'apoptose **(Figure 18)**. Un site de phosphorylation précis de cette protéine a directement été impliqué dans la signalisation de la prolifération cellulaire (Hua et al., 2003). Ces observations apparaissent difficilement conciliables avec celles faites sur les souris lpr (Russell et al., 1993) ou gld (Russell and Wang, 1993) déficientes en Fas et FasL respectivement et celles faites chez l'humain naturellement déficient en Fas (Fisher et al., 1995; Rieux-Laucat et al., 1995).

En conclusion, les molécules Fas/FasL et les différentes caspases semblent avoir une dualité de fonction en intervenant à la fois sur la prolifération des lymphocytes et sur l'induction de la mort cellulaire programmée.

Approches.

De manière à mieux comprendre le rôle de Fas/FasL et des caspases dans la prolifération, nous avons utilisé les lymphocytes T CD4, issus de la souris AND transgénique pour le TCR spécifique du peptide PCC88-104, que nous avons stimulé avec le peptide agoniste ou des variants de ce peptide pour la position 99, qui affecte l'affinité du ligand pour le TCR mais pas celle pour le CMH. Sur 20 variants testés, nous avons isolé deux peptides agonistes faibles. De cette façon, nous avons pu jouer sur l'intensité du signal délivré au TCR. D'autre part, nous avons obtenu les souris AND transgéniques sur le fond lpr, permettant d'analyser directement la contribution de Fas sur la prolifération.

Résultats.

Nous avons montré au cours de ces travaux que la stimulation in vitro des lymphocytes T CD4 naïfs par le peptide agoniste induisait l'activation des caspases-8 et caspases-3 de façon dépendante de la dose d'Ag, précédant la prolifération et jusqu'à 48h pour la caspase-8 et au moins 72h pour la caspase-3. Par contre, la stimulation par les variants à forte dose est capable d'induire la prolifération des lymphocytes T en l'absence d'activité caspase détectable. Ainsi, l'activation des caspases dans le lymphocyte T CD4 naïf est dépendante de la dose d'Ag nominale mais aussi de la qualité de la stimulation. L'utilisation des inhibiteurs de caspases a pu montrer que la prolifération induite par l'Ag nominal à forte dose était dépendante de la caspase-8 mais que la prolifération par les variants antigéniques est indépendante de la caspases-8. De façon plus surprenante, bien que la caspases-3 soit activée, l'utilisation de l'inhibiteur spécifique n'a pas d'effet sur la prolifération. Concernant le rôle de FasL, nous avons montré que l'activation des lymphocytes CD4 par le peptide agoniste induit une expression membranaire de FasL dépendante de la dose d'Ag. Par contre, l'activation par les variants antigéniques n'augmente pas l'expression de FasL. L'utilisation de la souris AND sur fond lpr/lpr nous a permis de voir que la mutation naturelle de Fas n'altère pas la prolifération induite par le peptide nominal ni par les variants antigéniques, bien que l'addition d'inhibiteurs des caspases-8 bloque aussi la prolifération des lymphocytes AND-lpr.

Discussion.

Nous avons donc mis en évidence une activité caspase dans les lymphocytes naïfs activés. Cette activité est dépendante de l'intensité du signal perçu par le TCR. L'utilisation de variants antigéniques ou de faibles doses d'Ag agoniste montre que la prolifération est possible en l'absence d'activité caspase détectable. Ainsi, à forte dose d'Ag, la stimulation induit l'activation des caspase-8 et –3 et la prolifération est dépendante de l'activité de la caspase-8, alors qu'une faible activation induit une prolifération plus faible mais indépendante de l'activité caspase. Les résultats obtenus avec les inhibiteurs de caspases doivent êtres interprétés avec précaution. En effet, la spécificité de ces inhibiteurs pour chaque caspase peut être remise en cause au regard de la similitude de ces substrats mais aussi la spécificité vis-à-vis des caspases en général sachant que le granzyme B possède une spécificité de substrat très analogue à celle des caspases. La fonction précise des caspases dans la prolifération des cellules naïves reste inconnue. L'activation cellulaire entraînant l'expression de FasL à la surface cellulaire, il paraît probable que l'agrégation du complexe trimérique Fas par interaction avec FasL forme le DISC et active la caspase-8. Cependant, aux vues des résultats obtenus sur les souris AND-lpr, l'activation de caspase-8 semble être indépendante de la voie Fas. L'activation de caspase-8 serait possible par l'intermédiaire d'autres récepteurs tels que TNFR ou les récepteurs à TRAIL, expliquant que les souris déficientes en FADD, la molécule adaptatrice commune aux récepteurs de mort, présentent des altérations de la prolifération. L'activation de la caspase-8 serait précoce et nécessaire pour permettre la prolifération cellulaire. L'activité caspase-3 en revanche semble maintenue au moins 72h. La caspase-3 étant la principale caspase effectrice de la voie apoptotique, son activation précoce est surprenante. Alam et col ont montré que l'activité caspase détectée aboutissait au clivage de certains substrats pouvant intervenir dans la prolifération. La survie cellulaire repose sur un équilibre strict entre molécules pro-apoptotiques et anti-apoptotiques capables d'empêcher l'action des caspases (Zimmermann et al., 2001). De plus la compartimentalisation des différents facteurs joue un rôle probable dans cet équilibre. L'activation précoce des caspases durant la prolifération pourrait avoir un rôle de sensibilisation à l'apoptose qui dépend de l'équilibre entre les facteurs pro et anti-apoptotiques. Si cet équilibre change au cours de la prolifération, alors la balance passe de la survie à la mort cellulaire. Nous avons commencé un certain nombre de travaux afin d'étudier le rôle de la dose d'Ag dans l'équilibre entre prolifération et mort cellulaire (article 2).

Il apparaît cohérent que cette sensibilisation soit hautement dépendante de l'intensité du signal TCR perçu. À forte dose d'Ag, la cellule est fortement sensible à l'AICD et peu ou pas à faible dose d'Ag. L'intensité du signal TCR joue donc un rôle dans le contrôle homéostatique de la prolifération lymphocytaire. Les variants antigéniques, pouvant mimer des Ags du soi, pourraient être responsables de la prolifération homéostatique observée pour le maintien du pool lymphocytaire. Les variants, mais aussi une faible dose d'Ag, permettraient une prolifération légère sans induire de sensibilité à l'apoptose pour le maintien des cellules mémoires.

Article n° 2 "Balance between cell division and cell death during TCR triggering. " Manuscrit en préparation

Boissonnas A. and Combadière B.

Objectifs : Le but de ces travaux est de poursuivre ceux présentés dans l'article précédent, en étudiant le rôle de l'intensité de l'engagement du TCR des lymphocytes T CD4 avec son ligand dans l'équilibre entre prolifération et mort cellulaire. Les résultats que nous avons obtenus nécessitent encore d'être conclus mais apportent déjà des informations intéressantes sur la susceptibilité à la mort cellulaire des lymphocytes T CD4 en fonction de la dose d'Ag. Le manuscrit présenté n'est pas définitif.

Généralités.

L'AICD est un mécanisme de mort cellulaire induit par de fortes doses d'Ag (Lenardo et al., 1999). L'induction des mécanismes apoptotiques repose sur le réengagement du TCR des cellules en prolifération avec l'Ag (Combadiere et al., 1998a). Il est reconnu que les fortes doses d'Ag sont responsables de la mort cellulaire sur les cellules activées. Par contre, l'influence de la dose d'Ag lors de l'activation primaire des lymphocytes sur leur susceptibilité à la mort programmée est moins bien connue. Nous nous sommes donc intéressés au rôle de la dose d'Ag primaire dans l'équilibre prolifération et mort cellulaire programmée.

Approches.

Nous avons utilisé les lymphocytes CD4 issus de la souris AND transgénique décrite dans l'article précédent. Nous avons évalué l'effet de la dose d'Ag sur la survie, la prolifération et la mort des cellules CD4.

Résultats.

Nous avons montré qu'en stimulant les cellules CD4 avec différentes doses d'Ag, l'amplification observée en quatre jours suit une courbe en cloche. L'amplification du nombre de cellules est dépendante de la dose d'Ag lorsque celle-ci est faible. Par contre, à forte dose, la mort cellulaire domine sur la prolifération. Nous avons observé que le taux de prolifération est le même quelle que soit la dose d'Ag utilisée en stimulation primaire et que seul le nombre de cellules engagées dans la prolifération dépend de la dose. Lorsque les cellules activées par différentes doses d'Ag, sont restimulées avec une forte dose, le taux de mortalité est dépendant de la dose de peptide utilisé lors de la stimulation primaire. De plus, après stimulation secondaire, nous avons mis en évidence que toutes les cellules en prolifération, quel que soit le nombre de divisions réalisées, étaient sensibilisées à l'apoptose. Cette observation montre que la quantité de mort cellulaire ne dépend pas de la dose d'Ag utilisée lors de la stimulation primaire mais dépend du nombre de cellules engagées en prolifération. De même, par des expériences de transfert adoptif, nous avons montré que l'immunisation in vivo par de fortes doses d'Ag induisait une importante mortalité des cellules en division quelle que soit la génération. La balance entre prolifération et mort cellulaire est donc très dépendante de la quantité d'Ag reçue au cours des différentes stimulations.

Discussion.

L'AICD est un contrôle très puissant de la prolifération car l'ensemble des cellules qui prolifèrent sont éliminées en cas de réengagement du TCR avec de fortes quantités d'Ag. Nous pouvons supposer que les cellules non proliférantes ne présentent pas un "danger" et donc ne sont pas éliminées. Nous avons confirmé in vivo que la mort cellulaire à forte dose d'Ag touche toutes les générations de cellules en division. Au contraire, après stimulation par un superAg, il semble que les cellules T activées deviennent sensibles à l'apoptose après un certain nombre de divisions (Renno et al., 1999). Il serait intéressant de déterminer quels facteurs déterminent la différence de susceptibilité à la mort entre les cellules en division et les cellules non divisées. Il est peu probable que la présence de l'activité caspase dans les cellules en prolifération, décrite dans l'article précédent soit déterminante. En effet, bien que celle-ci soit indétectable à faible dose d'Ag, le réengagement du TCR induit leur forte activation, entraînant l'apoptose des cellules en division.

Ces résultats montrent que l'équilibre entre réponse immune et tolérance est hautement dépendant de la dose d'Ag, ce qui explique l'échappement de certains pathogènes à la réponse immune dans les cas d'infections chroniques.

Ces observations ont une implication en vaccination, où la dose d'Ag, lors de l'immunisation, doit être optimale pour favoriser l'amplification avec le minimum de mort cellulaire, afin de générer un pool de cellules mémoires important.

L'étude à l'aide de puces à ADN des différentes populations, en division ou pas et restimulées ou non, permettra d'analyser à large échelle les différences moléculaires.

Le rôle de la cellule présentatrice dans la sensibilité à l'apoptose peut être étudié en utilisant pour la stimulation des cellules dendritiques immatures ou matures, afin de déterminer si la différence dans la nature de la stimulation va modifier le devenir des cellules.

Article n° 3 "In Vivo Priming Of HIV-Specific CTLs Determines Selective Cross-Reactive Immune Responses Against Poorly Immunogenic HIV-Natural Variants. " J. Immunol. 2002.

Boissonnas A., Bonduelle O., Antzack A., Lone Y-C, Gache C., Debre P., AutranB., Combadiere B.

Objectifs : Ces travaux portent sur la compréhension des capacités d'adaptation de la réponse T cytotoxique à la variation antigénique engendrée par des mutations d'épitopes du VIH.

Généralités.

L'hypervariabilité virale, telle observée chez le VIH, est l'une des principales stratégies d'échappement à la réponse immune (Franco et al., 1995). L'infection par le VIH entraîne rapidement une réponse cytotoxique puissante, qui est responsable du contrôle de la charge virale au début de l'infection. Cependant, la réplication virale engendre de l'ordre de 105 variants viraux par jour. Lorsque ces mutations touchent les épitopes immunogènes, il peut en résulter une perte totale de la reconnaissance par les lymphocytes T spécifiques ou une perte de la présentation de ces peptides par le CMH **(Figure 11)** (Davenport, 1995). Face à la pression de sélection exercée par la réponse CTL, le virus muté échappe aux CTLs et émerge (Goulder et al., 1997; Price et al., 1997). Pourtant, le système immunitaire développe une extraordinaire capacité d'adaptation et très rapidement après l'émergence de variants viraux, une réponse CTL est associée, capable de contrôler le nouveau virus (Haas et al., 1996). Une question importante est alors de savoir si l'adaptation de la réponse CTLs provient de l'amplification de nouveaux CTLs ayant une spécificité propre au variant ou si elle provient de CTLs préexistant doués de réactivité croisée avec les variants. L'affinité des épitopes étant le plus souvent corrélée à leur immunogénicité (Sette et al., 1994), nous avons voulu déterminer si l'adaptation du système immunitaire dépendait de cette affinité.

Approches.

Pour répondre à ces questions, nous avons utilisé le modèle de la souris transgénique HLA-A2, qui a pour seule molécule de classe I exprimée, la molécule chimérique HLA-A2 issue du transgène, dont les domaines $\alpha 1$ et $\alpha 2$ et la $\beta 2$-microglobuline sont d'origine humaine et le domaine α3 d'origine murine. Cette molécule étant exprimée par près de 40% de la population européenne, ce modèle présente l'intérêt d'étudier dans une souris humanisée, la réponse à des variants antigéniques dans un contexte polyclonale. Nous avons immunisé ces souris avec des variants naturels du peptide 180-189 de la protéine Nef du VIH restreinte à la molécule HLA-A2, caractérisés chez quatre patients différents, ayant une affinité pour HLA-A2 différente. Après une amplification in vitro, les clones ont été testés pour leur capacité à avoir une réactivité croisée avec les différents variants naturels.

Résultats.

Les variants naturels isolés ont été classés suivant leur affinité relative déterminée à la fois par des tests de compétition pour la liaison au HLA-A2 et par des tests de stabilité d'expression membranaire de HLA-A2 en présence des différents peptides. Sur les 20 variants testés, seulement 2, d'affinité relative forte et moyenne, ont permis d'induire une réponse CTL détectable en production d'IFNγ par cytométrie de flux et en relargage de chrome par test de cytotoxicité. Nous n'avons pas montré de corrélation absolue entre l'affinité relative des peptides pour le CMH et leur immunogénicité in vivo. En effet, si les peptides de faible affinité ne sont pas capables d'induire une réponse cytotoxique in vivo, même certains peptides de forte affinité ne sont pas immunogènes. En revanche, nous avons pu mettre en évidence que si une réponse cytotoxique est détectable après immunisation par des variants immunogènes, alors les clones CD8 amplifiés spécifiques de ces variants, ont une réactivité croisée avec certains des variants non immunogènes. Ces résultats révèlent une distinction entre l'immunogénicité d'un peptide et sa capacité à activer la cellule. De plus, le profil de cette réactivité croisée mis en évidence dépend du peptide utilisé lors de l'immunisation.

Discussion.

Nous avons pu mettre en évidence une importante réactivité croisée des clones CD8 induite par l'immunisation des souris avec des variants antigéniques. Ceci suggère que l'adaptation du système immunitaire à l'émergence de nouveaux variants viraux est réalisée en partie grâce à la dégénérescence du TCR qui permet de répondre à des épitopes analogues dans le même contexte CMH. De façon plus surprenante, la production d'IFNγ pouvait être induite après restimulation par des variants qui n'étaient pas immunogènes. Cette observation montre que l'intensité du signal TCR requise pour monter une réponse cytotoxique est différente de celle requise pour activer des cellules mémoires (Pihlgren et al., 1996). La restimulation par les variants non immunogènes a été réalisée 7 jours après amplification in vitro des clones activés in vivo. À ce moment, il est très probable que la diversité clonale soit encore importante, expliquant le large spectre de réactivité croisée. Les travaux de Belyakov et col ont montré que l'amplification clonale in vitro était susceptible de modifier la distribution du répertoire d'origine in vivo (Belyakov et al., 2001). Ces résultats soulèvent la nécessité de rester prudent quant à l'interprétation des résultats de réactivité croisée.

Lorsque la contraction clonale et la mise en place de la mémoire ont eu lieu, il serait intéressant de préciser si les clones qui ont la plus grande réactivité croisée sont conservés ou bien si la sélection des cellules mémoires se fait indépendamment. Certaines études ont montré que les clones spécifiques de différents épitopes gardaient la même proportion relative lors de la réponse mémoire que lors de la réponse primaire (Vijh and Pamer, 1997) (Figure 13A). De plus, les travaux faits sur la maturation relative de l'affinité des lymphocytes T mémoires (Busch and Pamer, 1999; McHeyzer-Williams et al., 1999), iraient plutôt dans le sens d'une diminution de la capacité à avoir une réactivité croisée des lymphocytes.

Si la réactivité croisée des clones CTLs présente un avantage certain dans la limitation de l'échappement viral à la réponse immune, elle joue probablement un rôle dans les phénomènes d'épuisement ou de délétion périphérique observées lors de l'infection par le VIH (Pantaleo et al., 1997). En effet, la stimulation continue du TCR, par la succession de variants viraux, entraîne l'épuisement des clones CD8 qui disparaissent.

Une observation majeure dans ces travaux est que la capacité des lymphocytes T CD8 à avoir une réactivité croisée avec différents variants antigéniques dépend du peptide utilisé lors de l'immunisation. Cette différence s'explique, soit par l'expansion de clones plus ou moins dégénérés suivant le peptide utilisé soit par l'expansion plus ou moins oligoclonale avec un peptide plutôt qu'avec un autre. Nos résultats montrent que le pourcentage de cellules spécifiques de chacun des deux peptides immunogènes sont sensiblement les mêmes, cependant, nous n'avons pas approfondi sur la diversité du répertoire de chaque population. Les observations de Haanen et col proposent que le répertoire de cellules T spécifiques d'un épitope de influenza A dépend de la stimulation primaire avec l'Ag (Haanen et al., 1999). Ainsi, la réponse à un pathogène peut être modifiée par le contact précédent avec un autre pathogène indépendant (Joshi et al., 2001). Ceci a une implication majeure dans les stratégies de vaccination peptidique quant au choix des peptides à utiliser pour conférer la plus large protection. Déjà, Ahlers et col ont pu améliorer la réponse CTLs anti-VIH par augmentation de l'affinité pour le CMH d'un peptide destiné à la mise en place d'une réponse CD4 "auxiliaire" (Ahlers et al., 2001). Cependant, le groupe de B. Walker a montré un échec dans la protection par réactivité croisée chez un individu surinfecté par une souche du VIH à 88% homologue à la souche primaire contre laquelle il possédait une réponse cytotoxique efficace (Altfeld et al., 2002; Robinson, 2003). De même, chez un singe vacciné qui contrôlait sa charge virale, une simple mutation sur un épitope immunodominant de la protéine Gag du VIH a entraîné un pic de la charge virale, une progression rapide vers la maladie et la mort de l'animal (Barouch et al., 2002).

Article n°4 "Antigen distribution drives CD8 cell migration and determines its efficiency. " Soumis pour Publication.

Boissonnas A; Lavergne E; Combadière C; Maho M; Blanc C; Debré P; Combadière B.

Objectifs: Cette étude s'inscrit dans le cadre de l'étude du rôle de l'Ag dans la différenciation des lymphocytes T CD8 spécifiques d'un Ag tumoral et plus précisément son rôle dans l'induction d'un nouveau concept, celui de "la programmation à migrer des organes lymphoïdes vers la tumeur".

Généralités.

Une notion intéressante, qui suscite l'attention de plusieurs groupes, est celle de la programmation de la prolifération et de la différentiation des cellules T par l'Ag. Plusieurs travaux ont mis en évidence que très tôt après la stimulation par l'Ag les lymphocytes CD8 ont un programme bien défini du nombre de divisions qu'ils vont effectuer (Kaech and Ahmed, 2001; Mercado et al., 2000; van Stipdonk et al., 2001). Une stimulation brève suffit à amplifier et différencier les cellules CD8 en effecteurs compétents capables de mettre en place une réponse mémoire efficace. De la même façon, la contraction clonale semble être un phénomène indépendant de la persistance de l'Ag mais programmé très tôt lors de l'infection (Badovinac et al., 2002). Enfin, la différenciation des cellules mémoires TEM en TCM est aussi déterminée précocement lors de l'activation des cellules (Wherry et al., 2003). D'après ces résultats, il apparaît que la réponse CD8 dépendra entièrement de la qualité de la stimulation lors de l'activation des cellules CD8 naïves. L'ensemble de ces études ont été réalisées dans le modèle de l'infection par LCMV et *Listeria Monocytogenes* qui sont des infections systémiques où la distribution de l'Ag est difficilement évaluable. Nous avons voulu savoir si la notion de programmation de la réponse CD8 s'appliquait à d'autres modèles où la répartition de l'Ag dans la souris est beaucoup plus localisée et où l'étude de la migration des cellules CD8 pourrait être réalisée.

Approches.

Cette étude a été réalisée à l'aide de cellules tumorales EG-7, un thymôme murin EL-4 transfecté de manière stable avec le gène de l'ovalbumine. Les cellules injectées en sous-cutané dans des souris syngéniques C57Bl6 se développent en une tumeur localisée. La réponse des CD8 spécifiques de la tumeur est étudiée par transfert adoptif de cellules CD8 naïves provenant de la souris OT-1 RAG-1 -/-, transgénique pour le TCR spécifique de l'épitope OVA257-264 de l'ovalbumine dans un contexte H2-Kb.

Résultats.

Nous avons montré que le transfert de cellules CD8 spécifiques de la tumeur permettait la régression de la tumeur. Cette régression dépend du volume de la tumeur. Pour un volume inférieur à 500 mm^3, la régression est complète et stable dans le temps, mais pour un volume supérieur, la régression n'est que partielle et l'évolution de la tumeur reprend rapidement. Les cellules spécifiques de la tumeur prolifèrent dans les ganglions drainants et migrent dans la tumeur à partir du troisième jours lorsqu'elles se sont divisées au moins quatre fois. Les cellules exercent leurs fonctions effectrices, cytotoxicité et production d'IFNγ, uniquement dans la tumeur, là où l'Ag est en concentration suffisante. Nous avons pu confirmer dans ce modèle que la prolifération des cellules CD8 est maintenue en l'absence d'Ag. Par contre, l'ajout d'Ag à fortes concentrations aux cellules en prolifération dans les organes lymphoïdes secondaires induit la mort des cellules spécifiques. L'activation in vitro des cellules par l'Ag avant le transfert dans une souris possédant une tumeur EL-4 a montré que les cellules étaient capables de migrer dans le site tumoral indépendamment de la présence d'Ag in vivo. Nous mis en évidence que l'activation des cellules par l'Ag confère en quelques divisions, une capacité à migrer dans les tissus périphériques même en l'absence d'Ag. Cette migration dépend de la modulation de l'expression des récepteurs aux chimiokines et de molécules d'adhésion sur les lymphocytes CD8.

Discussion.

Ces travaux apportent une nouvelle vision sur le concept de programmation par l'antigène. Nous avons montré qu'une interaction, même brève avec le peptide agoniste, induit la prolifération dans les organes lymphoïdes secondaires et que celle-ci se poursuit même si les cellules sont isolées de l'Ag. De plus, cette interaction permet le développement des capacités migratoires des cellules CD8. La dose d'Ag et la durée de la stimulation vont être critiques dans l'efficacité de la réponse anti-tumorale. Si les lymphocytes en prolifération sont soumis à un excès d'Ag alors ils entrent en apoptose. En effet, lorsque la tumeur est trop développée, le système immunitaire ne parvient plus à la contrôler. Enfin, nous avons montré que seuls les lymphocytes infiltrant la tumeur produisent de l'IFNγ, suggérant que la quantité d'Ag dans les organes lymphoïdes secondaires doit être suffisante pour induire la prolifération mais pas les fonctions effectrices.

L'émergence d'une tumeur résulte le plus souvent de l'ignorance du système immunitaire, car la dose d'Ag qui atteint les organes lymphoïdes secondaires n'est pas suffisante pour l'activation cellulaire (Ochsenbein et al., 1999). Le succès de l'élimination d'une tumeur repose sur la mise en place d'une réponse immune la plus précocement possible (Ochsenbein, 2002). Il serait intéressant de comprendre comment les lymphocytes qui ont migré sont capables d'éliminer la tumeur si l'excès d'Ag induit la mort cellulaire. Les travaux récents de Wang et col montrent dans le modèle de LCMV que les lymphocytes CD8 dans les organes lymphoïdes secondaires sont beaucoup plus sensibles à l'apoptose que les lymphocytes CD8 présents dans les organes non-lymphoïdes, ce qui s'explique par une différence de niveau d'expression des molécules Fas et FasL et certainement une différence de cytokines environnementales (Wang et al., 2003). Dans notre modèle, nous n'avons pas regardé l'expression de ces molécules sur les différentes populations. Il est probable que les lymphocytes dans les organes lymphoïdes secondaires sont sensibles à la mort parce qu'ils sont en présence de tous les éléments clés responsables de l'AICD. En effet, les lymphocytes sont en intense prolifération, avec certainement d'importante quantité d'IL-2, et soumis à de nombreux réengagements du TCR, dus à l'ajout d'Ag dans le milieu. Ainsi, lorsque le volume tumoral est plus grand et donc associé à des disséminations de cellules tumorales dans les ganglions drainants plus importantes, la tumeur n'est pas rejetée.

Dans ces travaux, nous avons montré que l'activation des CD8 par l'Ag, leurs confère la potentialité à migrer dans les tissus inflammés, indépendamment de la présence d'Ag. Cette observation suggère que la migration dans les tissus périphériques dépend uniquement du contexte inflammatoire. Pourtant, il a été mis en évidence que l'aptitude des lymphocytes à migrer dépend du site d'activation des lymphocytes (Campbell and Butcher, 2002) et plus spécifiquement de l'origine de la cellule présentatrice. L'activation par des cellules dendritiques de l'intestin induisait sur les lymphocytes l'expression sélective d'un couple d'intégrines permettant l'entrée préférentielle dans l'intestin (Mora et al., 2003). La migration induite par simple activation des lymphocytes pourrait être stochastique et l'aptitude des cellules à rester dans les tissus dépendrait de l'expression des couples chimiokines / chimiorécepteurs. Par contre, en présence de cellules présentatrices spécialisées et d'origine particulières il est probable que la migration sélective soit favorisée. Le programme de migration serait donc indépendant de la présence d'Ag mais dépendant de la CPA utilisée.

Ces travaux ont une implication directe dans les perspectives de thérapies anti-tumorales. L'étude du rôle de l'Ag dans la différenciation des CD8 anti-tumoraux est cruciale pour déterminer la meilleure étape permettant d'améliorer la réponse immune.
L'utilisation des chimiokines dans les stratégies de traitement anti-tumoral s'est révélée assez efficace au sein de notre laboratoire dans le même modèle murin. Nous avons montré que les lignées tumorales EL-4 et EG-7, transfectées avec le gène de la chimiokine Fractalkine ou le gène de la chimiokine RANTES, avaient un développement moins important que les lignées contrôles in vivo (articles en collaboration). Ce contrôle du développement tumoral passe par le recrutement plus important des cellules NK par la fractalkine et des cellules NK et T par RANTES au sein de la tumeur. L'injection intra-tumorale de molécules chimériques chimiokine-Ig construites dans le laboratoire a montré un effet significatif dans le contrôle de l'évolution de la tumeur, valorisant l'intérêt des chimiokines dans les traitements anti-tumoraux.

Article n°5 "Differences in persistence of long-term proliferative and IFNγ-producing T cell memory to smallpox virus in humans." Soumis pour publication.

Behazine Combadière*, **Alexandre Boissonnas***, Guislaine Carcelin, Evelyne Lefranc, Assia Samri, François Bricaire, Patrice Debré, Brigitte Autran.

* Coauteurs.

Objectifs : Ces travaux représentent une approche de la compréhension des mécanismes de la persistance à long terme de la mémoire immunologique T contre le virus de la vaccine chez l'homme. Nous avons voulu déterminer la nature de la réponse mémoire T, induite par la vaccination, ainsi que les facteurs influençant la persistance des précurseurs de cette réponse comparée à celle obtenue chez les individus deux mois après revaccination.

Généralités.

La mémoire immunologique est un concept universellement reconnu. L'Ag est à l'origine de la mise en place d'une mémoire immunologique. Par contre, le rôle de l'Ag dans son maintien est nettement controversé (Doherty et al., 1994; Oehen et al., 1992).

Le cas de la vaccination anti-variolique chez l'homme est unique dans le sens où la maladie ayant été éradiquée, la campagne de vaccination arrêtée et aucun réservoir animal connu n'existant pour ce virus, nous pouvons considérer qu'il n'existe plus de virus circulant et que le dernier contact avec l'Ag chez les individus vaccinés provient de la dernière vaccination qu'ils ont reçu, il y a au minimum 13 ans. Le programme de vaccination préconisait l'immunisation à un an et un rappel dix ans plus tard. Ce modèle présente l'avantage d'analyser chez l'homme le maintien de la mémoire en l'absence d'Ag. Si les informations sur la réponse humorale anti-variolique sont déjà connues (el-Ad et al., 1990), la réponse cellulaire est beaucoup moins étudiée et les connaissances reposent essentiellement sur la réponse après revaccination (Frey et al., 2002; Frey et al., 2003).

La récente menace bio-terroriste et la mise en place d'une équipe nationale d'urgence chargée de traiter les individus en cas de réapparition de l'agent variolique nous offrent l'opportunité de comparer la réponse mémoire des cellules T d'individus immunisés avec celle d'individus récemment revaccinées et d'individus naïfs.

Approches.

Nous avons testé, sur 79 individus volontaires vaccinés dans l'enfance contre le virus de la variole comparés à 10 individus naïfs et 17 individus récemment revaccinés, la capacité d'avoir aussi bien une réponse effectrice rapide par production d'IFNγ que de proliférer en réponse à l'infection par le virus de la vaccine. Bénéficiant de l'histoire vaccinale de 44 individus, nous avons pu étudier l'influence du nombre de vaccinations, du délai depuis l'immunisation et du délai depuis la dernière vaccination sur la persistance de la mémoire anti-variolique.

Résultats.

Nous avons montré que seulement 20% des individus immunisés présentent une réponse effectrice rapide significative et 70,5% ont une réponse proliférative après stimulation par le virus de la vaccine des cellules mononuclées du sang frais. Par contre, 1 à 2 mois après revaccination, 95% des individus ont une réponse effectrice rapide et 100% prolifèrent. Des expériences de déplétion et de cytométrie de flux ont pu montrer que les CD8 et les CD4 contribuent à la réponse effectrice rapide et à la réponse proliférative chez les individus immuns. Cette prolifération aboutit à l'amplification importante du nombre d'effecteurs CD4 et CD8. Les taux de prolifération relatifs des deux sous populations montrent que leur contribution respective est variable selon les individus. Nous nous sommes intéressés aux facteurs pouvant expliquer la perte de la réponse effectrice rapide chez 80% des individus immuns. Nous avons regardé si le délai depuis la première vaccination jouait sur la persistance de la mémoire et nous avons montré que la réponse effectrice rapide diminue significativement chez les individus ayant été immunisés il y a plus de 45 ans. Par contre la réponse proliférative ne semble pas affectée avec le temps. De façon plus surprenante, le nombre d'injections reçues par les individus immuns n'améliore pas le maintien de la réponse immune.
Ainsi, bien que la réponse rapide disparaisse avec le temps, il semble que la réponse proliférative persistante soit suffisante pour la régénération rapide de lymphocytes effecteurs.

Discussion.

La mémoire immunologique des CD8 est mieux connue que la mémoire des lymphocytes T CD4. Les modèles murins courants décrivent que les CD8 persistent beaucoup plus que les CD4 et que ce sont les principaux médiateurs de la mémoire T (Kaech et al.,

2002b). Dans ce cas, les lymphocytes CD4 et CD8 contribuent à la réponse mémoire détectée, mais avec une contribution relative différente suivant les individus. Les cellules mémoires CD4 et CD8 diffèrent certainement dans leur dépendance à l'Ag et leur potentiel de réactivité croisée avec des antigènes du soi. Il est possible que la nature de l'immunisation ou que l'Ag lui-même puisse jouer sur l'implication relative des différentes sous populations lymphocytaires. Ainsi dans le cas de la vaccination contre la variole, la voie d'administration intradermique pourrait favoriser le développement des lymphocytes CD4, expliquant leur importante contribution dans la mémoire anti-variole. Des travaux parallèles aux nôtres ont montré que la réponse humorale reste stable sur 75 ans mais que la réponse cellulaire décline lentement avec une demi-vie évaluée à 8-15 ans (Hammarlund et al., 2003). Nous avons observé que plus de 70% des individus immuns avaient une réponse proliférative à la stimulation par le virus de la vaccine. Par contre, la réponse effectrice rapide réalisée en 16h concerne une fréquence beaucoup plus faible des individus immuns. Nous avons montré que la fréquence des répondeurs dépendait du temps depuis l'immunisation et qu'elle disparaissait après plus de 45 ans.

La qualité de l'activation des cellules joue un rôle primordial dans la réponse mémoire (Kaech et al., 2002b). L'amplification de la réponse primaire déterminera la fréquence des cellules mémoires (Hou et al., 1994). Ainsi, si la fréquence des précurseurs mémoires diminue dans le temps, elle diminue avec le temps depuis la première vaccination. Pourtant, les rappels réalisés tous les dix ans pour certains des individus devraient augmenter le nombre de précurseurs et donc jouer sur la persistance de la mémoire. Or, même le nombre d'injections et le temps depuis la dernière vaccination n'améliore pas le maintien de la mémoire. Ces résultats montrent que la première rencontre avec l'Ag est déterminante dans la qualité de la mémoire effectrice. Il est cependant très probable que les rappels ont un intérêt dans la mémoire à plus court terme qui n'est plus visible lorsque l'on regarde la réponse après plus de dix ans. En effet, la revaccination des individus entraîne une augmentation de la fréquence des cellules effectrices dans 95% des cas deux mois après l'injection. Si la réponse immune à chaque rappel fait intervenir uniquement le compartiment de cellules mémoires et n'a pas le temps d'induire une réponse primaire pouvant potentiellement augmenter ce réservoir, cela peut expliquer qu'à plus long terme les rappels n'améliorent pas la réponse mémoire. Une autre explication de la disparition de la réponse effectrice rapide avec le temps pourrait être le vieillissement du système immunitaire. Cette hypothèse n'est pas exclue, mais paraît peu probable dans la mesure où la réponse proliférative n'est pas perdue chez les personnes de plus de 45 ans et que certains de ces individus conservent une réponse normale aux Ags issus du virus d'Epstein Barr ou de la tuberculine, mais aussi que les individus revaccinés de plus de 45 ans n'ont pas d'altération de la réponse. De la même façon, le groupe de Slifka, sur les 306 individus vaccinés testés n'ont pas pu mettre en évidence un effet du nombre d'injections (Hammarlund et al., 2003).

Ces résultats apportent d'importantes informations sur le maintien de la mémoire immunologique en vaccination chez l'homme mais aussi sur les protocoles de vaccination à adopter. Ils ouvrent une discussion sur le rôle de l'Ag dans la mémoire immunologique induite par la vaccination, notamment le rôle des rappels antigéniques et l'effet de la persistance de l'Ag dans l'organisme.

Synthèse.

Les travaux réalisés au cours de ma thèse, qui ont abouti à l'écriture de manuscrits publiés ou publiables, ont apporté chacun un certain nombre d'informations différentes et peut être même disparates. Cependant, dans chacun des différents modèles étudiés, nous nous sommes intéressés à déterminer le rôle de l'intensité du signal TCR (généré soit par des doses variables d'antigène nominal, soit par l'utilisation de variants antigéniques responsables d'une activation cellulaire plus ou moins altérée) sur l'homéostasie de la réponse T. Ces travaux ont permis ainsi d'illustrer le rôle du ligand du TCR au cours de plusieurs étapes différentes de la réponse lymphocytaire T. Dans la mesure où les différents modèles utilisés sont comparables et assimilables, nous pouvons proposer une synthèse du rôle de l'intensité du signal délivré aux lymphocytes T via le TCR par leur ligand, dans l'homéostasie de la réponse immune spécifique T.

Au cours de l'activation cellulaire nous avons pu montrer que l'intensité du signal délivré jouait sur la mise en place d'une activation des caspases précédant l'entrée en cycle cellulaire et maintenue au cours de la prolifération. Nous avons aussi montré que l'intensité de la stimulation des cellules naïves modifiait la capacité de survie des cellules de façon relativement précoce, influençant ainsi le taux d'amplification des lymphocytes. L'activité caspase détectée après activation pourrait refléter la qualité de la stimulation et la susceptibilité des cellules à l'apoptose face à de forte dose d'antigène. Si le taux de prolifération ne semble pas modifié par l'intensité de la stimulation, par contre le nombre de cellules recrutées en dépend. L'effet de la dose d'antigène sur la prolifération a pu être retrouvé in vivo dans le modèle tumoral, où l'engagement des cellules en cycle est variable suivant le site d'activation, reflétant la distribution variable de l'antigène tumoral dans les différents organes lymphoïdes secondaires.

Dans ce même modèle, nous avons pu mettre en évidence que la présence maintenue de l'antigène n'était pas nécessaire pour que la prolifération cellulaire soit pérennisée, par contre la production d'IFNγ par les cellules différenciées n'intervient qu'en présence d'une quantité suffisante d'antigène c'est-à-dire au niveau du site tumoral lui-même. La différenciation cellulaire ne semble pas dépendre de la présence maintenue de l'antigène, par contre l'activation des fonctions effectrices en est hautement dépendante. Le modèle utilisant les variants d'une protéine du VIH a apporté en plus, la notion que la capacité de réactivité croisée d'une population oligoclonale, effectrice, dépendait du variant utilisé lors de l'activation primaire des lymphocytes et que cette population effectrice est capable de répondre à des variants non immunogènes. La nature de l'antigène utilisé lors de l'immunisation apparaît être déterminante dans la qualité de la réponse effectrice ultérieure à des variants antigéniques.

L'acquisition des molécules d'adressages spécifiques fait partie intégrante de la différenciation. Les éléments intervenant dans la sélectivité de la migration des lymphocytes dans les différents tissus sont mal connus. Dans le modèle tumoral nous avons pu mettre en évidence la notion novatrice que la migration cellulaire dans les tissus périphériques dépendait d'un phénotype acquis après activation antigénique et au bout d'un certain nombre de divisions cellulaires mais qu'elle était indépendante de la présence de l'antigène dans les tissus.

Nous avons pu montrer que l'excès d'antigène au cours de la prolifération et la différenciation aboutissait à une élimination drastique des cellules en cycle, indépendamment du nombre de divisions cellulaires déjà effectuées. Ce phénomène est retrouvé ex vivo par ajout d'antigène sur les cellules en cours de division dans les organes lymphoïdes secondaires. La migration des cellules vers les tissus périphériques, après un certain nombre de divisions pourrait s'expliquer par le fait que ces cellules qui ne se divisent plus ne sont plus sensibles à l'apoptose par un excès d'antigène et peuvent mettre en place leurs fonctions effectrices sur le site antigénique.

Enfin, nous avons pu corréler la fréquence des cellules mémoires effectrices persistantes contre la vaccine avec le délai depuis l'immunisation des individus et montrer que le nombre de rappels n'a pas permis d'augmenter cette fréquence. Par contre, cette étude a révélé que même en l'absence complète d'antigène, les individus vaccinés sont capables de générer une réponse proliférative après stimulation in vitro et in vivo par le virus, permettant d'augmenter rapidement le nombre de cellules effectrices.

Ainsi, tous ces travaux réunis montrent que la nature ainsi que la distribution quantitative et spatiale de l'antigène dans l'organisme, essentiellement lors de la réponse primaire, sont des facteurs clés dans la qualité et probablement l'efficacité de la réponse établie et pour le devenir à long terme des cellules mémoires.

Conclusion générale et Perspectives.

Au cours de ma thèse, l'ensemble des travaux que j'ai réalisé se sont dirigés vers l'étude du rôle de l'Ag dans l'homéostasie de la réponse lymphocytaire T. Dans ce manuscrit, j'ai voulu soulever deux notions fondamentales en immunologie.
La première est celle de la spécificité antigénique. J'ai été surpris de voir à quel point les lymphocytes T sont capables de réagir plus ou moins à une large gamme d'analogues du peptide nominal. L'utilisation des variants antigéniques dans la plupart de mes travaux illustre bien le potentiel de réactivité croisée des lymphocytes T. Cette propriété conférée par la dégénérescence du TCR permet une réactivité du répertoire lymphocytaire à une immense variété antigénique. Les travaux sur les variants de la protéine VIH-Nef ont permis d'évoquer l'idée que la réactivité croisée est différente suivant l'état d'activation de la cellule, ce qui correspond au fait que le seuil d'activation des lymphocytes T est variable suivant son état de différenciation. Pourtant, la réactivité croisée est probablement associée à certains problèmes auto-immuns de part l'analogie entre des Ags du soi et des Ags exogènes, mais aussi associée aux phénomènes d'épuisement des réponses cellulaires observées dans l'infection par le VIH. La spécificité doit être entendue dans un sens plus large que la simple association d'un TCR pour un unique peptide. Ces observations ouvrent une nouvelle voie de stratégie vaccinale dans le cas de l'infection par le VIH. L'apparition de virus mutants résistants aux drogues antivirales s'est révélée extraordinairement commune entre les individus. Ainsi, préparer les individus à l'émergence de ces variants par des immunisations capables de générer des clones doués de réactivité croisée envers ces différents variants, permettrait d'améliorer l'efficacité des traitements actuels. L'équipe s'est penchée sur la mise au point d'une immunisation par des plasmides ADN permettant l'amplification de clones possédant une réactivité croisée pour les virus d'origines et les mutants résistants aux traitements.

La deuxième notion est celle de la capacité de modulation du signal TCR illustrée par les travaux utilisant les variants antigéniques ou des doses variables d'Ag. Il y a une dizaine d'années, l'activation des cellules T reposait sur le concept simple d'un système binaire "on/ off". Depuis, l'avancée scientifique a largement mis en évidence que de nombreux paramètres étaient responsables d'une variation dans l'intensité du signal perçu par le TCR entraînant une réponse dépendante de cette intensité. En effet, la dose d'Ag, la durée de l'interaction du TCR et son ligand, mais aussi la nature du peptide antigénique lui-même sont des facteurs permettant de jouer sur l'intensité du signal. Ces paramètres donnent ainsi une dimension qualitative et quantitative au signal TCR bien que le plus souvent, une altération de la qualité du signal tels que peuvent l'exercer les variants antigéniques, se traduit par une modification quantitative de ce signal. Cette notion explique que sur une population monoclonale, toutes les cellules ne répondent pas exactement de la même façon, que se soit en production de cytokines ou en nombre de divisions cellulaires réalisées, donnant l'impression d'une activation stochastique de la population cellulaire. L'idée que les lymphocytes sont programmés à se différencier dès la première rencontre avec l'Ag n'est pas exclue, mais il est évident que, d'une part, la nature du signal sera cruciale dans la programmation et d'autre part que ce programme sera modulable par la présence continue de l'Ag, comme démontré dans l'article sur la différenciation des lymphocytes T CD8 anti-tumoraux. Dans ce modèle, il est important que nous aboutissions à la caractérisation plus précise des différents récepteurs aux chimiokines impliqués dans le programme de migration des lymphocytes. Bien que nous n'ayons analysé que des ligands agonistes faibles, il n'est pas exclu que nous puissions utiliser des ligands variants capables de moduler qualitativement le profil d'expression des récepteurs aux chimiokines et ainsi altérer le programme de migration. Déjà, les travaux en collaboration ont montré l'efficacité anti-tumorale du traitement par des chimiokines recombinées grâce au recrutement plus important de précurseurs cytotoxiques. D'autre part, le recrutement des médiateurs de l'immunité anti-tumorale passe par une meilleure présentation de l'Ag dans les organes lymphoïdes secondaires. Sachant que l'activation des cellules par l'Ag tumoral est majoritaire dans les ganglions drainants, nous nous intéressons à des stratégies d'immunisation permettant l'activation systémique des cellules spécifiques.

La maîtrise parfaite de la différenciation fonctionnelle des lymphocytes T dans l'organisme doit passer par le contrôle idéal de l'interaction avec l'Ag. Vulgairement, l'Ag doit être en quantité suffisante pour induire une réponse immune mais pas trop importante pour ne pas induire la tolérance, il doit être rapidement éliminé, mais sa persistance influencera le maintien de la réponse immune.

Références Bibliographiques.

Ahlers, J. D., Belyakov, I. M., Thomas, E. K., and Berzofsky, J. A. (2001). High-affinity T helper epitope induces complementary helper and APC polarization, increased CTL, and protection against viral infection. J Clin Invest *108*, 1677-1685.

Ahmed, R., and Gray, D. (1996). Immunological memory and protective immunity: understanding their relation. Science *272*, 54-60.

Al-Alwan, M. M., Rowden, G., Lee, T. D., and West, K. A. (2001). The dendritic cell cytoskeleton is critical for the formation of the immunological synapse. J Immunol *166*, 1452-1456.

Alam, A., Cohen, L. Y., Aouad, S., and Sekaly, R. P. (1999). Early activation of caspases during T lymphocyte stimulation results in selective substrate cleavage in nonapoptotic cells. J Exp Med *190*, 1879-1890.

Alexander, J., Snoke, K., Ruppert, J., Sidney, J., Wall, M., Southwood, S., Oseroff, C., Arrhenius, T., Gaeta, F. C., Colon, S. M., and et al. (1993). Functional consequences of engagement of the T cell receptor by low affinity ligands. J Immunol *150*, 1-7.

Alexander-Miller, M. A., Derby, M. A., Sarin, A., Henkart, P. A., and Berzofsky, J. A. (1998). Supraoptimal peptide-major histocompatibility complex causes a decrease in bc1-2 levels and allows tumor necrosis factor alpha receptor II-mediated apoptosis of cytotoxic T lymphocytes. J Exp Med *188*, 1391-1399.

Alexander-Miller, M. A., Leggatt, G. R., Sarin, A., and Berzofsky, J. A. (1996). Role of antigen, CD8, and cytotoxic T lymphocyte (CTL) avidity in high dose antigen induction of apoptosis of effector CTL. J Exp Med *184*, 485-492.

Algeciras-Schimnich, A., Griffith, T. S., Lynch, D. H., and Paya, C. V. (1999). Cell cycle-dependent regulation of FLIP levels and susceptibility to Fas-mediated apoptosis. J Immunol *162*, 5205-5211.

Altfeld, M., Allen, T. M., Yu, X. G., Johnston, M. N., Agrawal, D., Korber, B. T., Montefiori, D. C., O'Connor, D. H., Davis, B. T., Lee, P. K., *et al.* (2002). HIV-1 superinfection despite broad CD8+ T-cell responses containing replication of the primary virus. Nature *420*, 434-439.

Antia, R., Bergstrom, C. T., Pilyugin, S. S., Kaech, S. M., and Ahmed, R. (2003). Models of CD8+ responses: 1. What is the antigen-independent proliferation program. J Theor Biol *221*, 585-598.

Ashton-Rickardt, P. G., Bandeira, A., Delaney, J. R., Van Kaer, L., Pircher, H. P., Zinkernagel, R. M., and Tonegawa, S. (1994). Evidence for a differential avidity model of T cell selection in the thymus. Cell *76*, 651-663.

Aspinall, R., Henson, S. M., and Pido-Lopez, J. (2003). My T's gone cold, I'm wondering why. Nat Immunol *4*, 203-205.

Autran, B., Carcelain, G., Li, T. S., Blanc, C., Mathez, D., Tubiana, R., Katlama, C., Debre, P., and Leibowitch, J. (1997). Positive effects of combined antiretroviral therapy on CD4+ T cell homeostasis and function in advanced HIV disease. Science *277*, 112-116.

Azuma, M., Phillips, J. H., and Lanier, L. L. (1993). CD28- T lymphocytes. Antigenic and functional properties. J Immunol *150*, 1147-1159.

Badovinac, V. P., Corbin, G. A., and Harty, J. T. (2000a). Cutting edge: OFF cycling of TNF production by antigen-specific CD8+ T cells is antigen independent. J Immunol *165*, 5387-5391.

Badovinac, V. P., and Harty, J. T. (2002). CD8(+) T-cell homeostasis after infection: setting the 'curve'. Microbes Infect *4*, 441-447.

Badovinac, V. P., Porter, B. B., and Harty, J. T. (2002). Programmed contraction of CD8(+) T cells after infection. Nat Immunol *3*, 619-626.

Badovinac, V. P., Tvinnereim, A. R., and Harty, J. T. (2000b). Regulation of antigen-specific CD8+ T cell homeostasis by perforin and interferon-gamma. Science *290*, 1354-1358.

Bajenoff, M., Granjeaud, S., and Guerder, S. (2003). The Strategy of T Cell Antigen-presenting Cell Encounter in Antigen-draining Lymph Nodes Revealed by Imaging of Initial T Cell Activation. J Exp Med *198*, 715-724.

Bajenoff, M., Wurtz, O., and Guerder, S. (2002). Repeated antigen exposure is necessary for the differentiation, but not the initial proliferation, of naive CD4(+) T cells. J Immunol *168*, 1723-1729.

Banchereau, J., and Steinman, R. M. (1998). Dendritic cells and the control of immunity. Nature *392*, 245-252.

Barber, E. K., Dasgupta, J. D., Schlossman, S. F., Trevillyan, J. M., and Rudd, C. E. (1989). The CD4 and CD8 antigens are coupled to a protein-tyrosine kinase (p56lck) that phosphorylates the CD3 complex. Proc Natl Acad Sci U S A *86*, 3277-3281.

Barouch, D. H., Kunstman, J., Kuroda, M. J., Schmitz, J. E., Santra, S., Peyerl, F. W., Krivulka, G. R., Beaudry, K., Lifton, M. A., Gorgone, D. A., *et al.* (2002). Eventual AIDS vaccine failure in a rhesus monkey by viral escape from cytotoxic T lymphocytes. Nature *415*, 335-339.

Beltinger, C., Kurz, E., Bohler, T., Schrappe, M., Ludwig, W. D., and Debatin, K. M. (1998). CD95 (APO-1/Fas) mutations in childhood T-lineage acute lymphoblastic leukemia. Blood *91*, 3943-3951.

Belyakov, I. M., Wang, J., Koka, R., Ahlers, J. D., Snyder, J. T., Tse, R., Cox, J., Gibbs, J. S., Margulies, D. H., and Berzofsky, J. A. (2001). Activating CTL precursors to reveal CTL function without skewing the repertoire by in vitro expansion. Eur J Immunol *31*, 3557-3566.

Bennett, S. R., Carbone, F. R., Karamalis, F., Flavell, R. A., Miller, J. F., and Heath, W. R. (1998). Help for cytotoxic-T-cell responses is mediated by CD40 signalling. Nature *393*, 478-480.

Bentley, G. A., and Mariuzza, R. A. (1996). The structure of the T cell antigen receptor. Annu Rev Immunol *14*, 563-590.

Bertoletti, A., Sette, A., Chisari, F. V., Penna, A., Levrero, M., De Carli, M., Fiaccadori, F., and Ferrari, C. (1994). Natural variants of cytotoxic epitopes are T-cell receptor antagonists for antiviral cytotoxic T cells. Nature *369*, 407-410.

Berzins, S. P., Boyd, R. L., and Miller, J. F. (1998). The role of the thymus and recent thymic migrants in the maintenance of the adult peripheral lymphocyte pool. J Exp Med *187*, 1839-1848.

Bevan, M. J., and Goldrath, A. W. (2000). T-cell memory: You must remember this. Curr Biol *10*, R338-340.

Beverley, P. C. (1990). Is T-cell memory maintained by crossreactive stimulation? Immunol Today *11*, 203-205.

Beverley, P. C., Michie, C. A., and Young, J. L. (1993). Memory and the lifespan of human T lymphocytes. Leukemia *7 Suppl 2*, S50-54.

Bielekova, B., Goodwin, B., Richert, N., Cortese, I., Kondo, T., Afshar, G., Gran, B., Eaton, J., Antel, J., Frank, J. A., *et al.* (2000). Encephalitogenic potential of the myelin basic protein peptide (amino acids 83-99) in multiple sclerosis: results of a phase II clinical trial with an altered peptide ligand. Nat Med *6*, 1167-1175.

Bird, J. J., Brown, D. R., Mullen, A. C., Moskowitz, N. H., Mahowald, M. A., Sider, J. R., Gajewski, T. F., Wang, C. R., and Reiner, S. L. (1998). Helper T cell differentiation is controlled by the cell cycle. Immunity *9*, 229-237.

Birnbaum, G., Weksler, M. E., and Siskind, G. W. (1974). Cross-reactivity of T-cell 'helper' function. Clin Exp Immunol *18*, 55-61.

Blattman, J. N., Antia, R., Sourdive, D. J., Wang, X., Kaech, S. M., Murali-Krishna, K., Altman, J. D., and Ahmed, R. (2002). Estimating the precursor frequency of naive antigen-specific CD8 T cells. J Exp Med *195*, 657-664.

Boehme, S. A., and Lenardo, M. J. (1993a). Ligand-induced apoptosis of mature T lymphocytes (propriocidal regulation) occurs at distinct stages of the cell cycle. Leukemia *7*, S45-49.

Boehme, S. A., and Lenardo, M. J. (1993b). Propriocidal apoptosis of mature T lymphocytes occurs at S phase of the cell cycle. Eur J Immunol *23*, 1552-1560.

Boehme, S. A., Zheng, L., and Lenardo, M. J. (1995). Analysis of the CD4 coreceptor and activation-induced costimulatory molecules in antigen-mediated mature T lymphocyte death. J Immunol *155*, 1703-1712.

Bousso, P., Levraud, J. P., Kourilsky, P., and Abastado, J. P. (1999). The composition of a primary T cell response is largely determined by the timing of recruitment of individual T cell clones. J Exp Med *189*, 1591-1600.

Boutin, Y., Leitenberg, D., Tao, X., and Bottomly, K. (1997). Distinct biochemical signals characterize agonist- and altered peptide ligand-induced differentiation of naive CD4+ T cells into Th1 and Th2 subsets. J Immunol *159*, 5802-5809.

Bradley, L. M., Duncan, D. D., Tonkonogy, S., and Swain, S. L. (1991). Characterization of antigen-specific CD4+ effector T cells in vivo: immunization results in a transient population of MEL-14-, CD45RB- helper cells that secretes interleukin 2 (IL-2), IL-3, IL-4, and interferon gamma. J Exp Med *174*, 547-559.

Brehm, M. A., Pinto, A. K., Daniels, K. A., Schneck, J. P., Welsh, R. M., and Selin, L. K. (2002). T cell immunodominance and maintenance of memory regulated by unexpectedly cross-reactive pathogens. Nat Immunol *3*, 627-634.

Bretscher, P. A., Wei, G., Menon, J. N., and Bielefeldt-Ohmann, H. (1992). Establishment of stable, cell-mediated immunity that makes "susceptible" mice resistant to Leishmania major. Science *257*, 539-542.

Brocker, T. (1997). Survival of mature CD4 T lymphocytes is dependent on major histocompatibility complex class II-expressing dendritic cells. J Exp Med *186,* 1223-1232.

Brown, R. E. (1998). Sphingolipid organization in biomembranes: what physical studies of model membranes reveal. J Cell Sci *111 (Pt 1)*, 1-9.

Brunner, T., Mogil, R. J., LaFace, D., Yoo, N. J., Mahboubi, A., Echeverri, F., Martin, S. J., Force, W. R., Lynch, D. H., Ware, C. F., and et al. (1995). Cell-autonomous Fas (CD95)/Fas-ligand interaction mediates activation-induced apoptosis in T-cell hybridomas. Nature *373*, 441-444.

Bruno, L., Kirberg, J., and von Boehmer, H. (1995). On the cellular basis of immunological T cell memory. Immunity *2*, 37-43.

Bruno, L., von Boehmer, H., and Kirberg, J. (1996). Cell division in the compartment of naive and memory T lymphocytes. Eur J Immunol *26*, 3179-3184.

Busch, D. H., and Pamer, E. G. (1998). MHC class I/peptide stability: implications for immunodominance, in vitro proliferation, and diversity of responding CTL. J Immunol *160*, 4441-4448.

Busch, D. H., and Pamer, E. G. (1999). T cell affinity maturation by selective expansion during infection. J Exp Med *189*, 701-710.

Busch, D. H., Pilip, I. M., Vijh, S., and Pamer, E. G. (1998). Coordinate regulation of complex T cell populations responding to bacterial infection. Immunity *8*, 353-362.

Butz, E., and Bevan, M. J. (1998a). Dynamics of the CD8+ T cell response during acute LCMV infection. Adv Exp Med Biol *452*, 111-122.

Butz, E. A., and Bevan, M. J. (1998b). Differential presentation of the same MHC class I epitopes by fibroblasts and dendritic cells. J Immunol *160*, 2139-2144.

Butz, E. A., and Bevan, M. J. (1998c). Massive expansion of antigen-specific CD8+ T cells during an acute virus infection. Immunity *8*, 167-175.

Campbell, D. J., and Butcher, E. C. (2002). Rapid acquisition of tissue-specific homing phenotypes by CD4(+) T cells activated in cutaneous or mucosal lymphoid tissues. J Exp Med *195*, 135-141.

Cantrell, D. (1996). T cell antigen receptor signal transduction pathways. Annu Rev Immunol *14*, 259-274.

Cantrell, D. A., and Smith, K. A. (1984). The interleukin-2 T-cell system: a new cell growth model. Science *224*, 1312-1316.

Cao, W., Tykodi, S. S., Esser, M. T., Braciale, V. L., and Braciale, T. J. (1995). Partial activation of CD8+ T cells by a self-derived peptide. Nature *378*, 295-298.

Celada, F. (1971). The cellular basis of immunologic memory. Prog Allergy *15*, 223-267.

Champagne, P., Ogg, G. S., King, A. S., Knabenhans, C., Ellefsen, K., Nobile, M., Appay, V., Rizzardi, G. P., Fleury, S., Lipp, M., *et al.* (2001). Skewed maturation of memory HIV-specific CD8 T lymphocytes. Nature *410*, 106-111.

Ciurea, A., Hunziker, L., Klenerman, P., Hengartner, H., and Zinkernagel, R. M. (2001). Impairment of CD4(+) T cell responses during chronic virus infection prevents neutralizing antibody responses against virus escape mutants. J Exp Med *193*, 297-305.

Cohen, P. L., and Eisenberg, R. A. (1991). Lpr and gld: single gene models of systemic autoimmunity and lymphoproliferative disease. Annu Rev Immunol *9*, 243-269.

Combadiere, B., Freedman, M., Chen, L., Shores, E. W., Love, P., and Lenardo, M. J. (1996). Qualitative and quantitative contributions of the T cell receptor ζ chain to mature T cell apoptosis. J Exp Med *183*, 2109-2117.

Combadiere, B., Reis e Sousa, C., Trageser, C., Zheng, L. X., Kim, C. R., and Lenardo, M. J. (1998a). Differential TCR signaling regulates apoptosis and immunopathology during antigen responses in vivo [In Process Citation]. Immunity *9*, 305-313 [MEDLINE record in process].

Combadiere, B., Reis e Sousa, C. R., Germain, R. N., and Lenardo, M. J. (1998b). Selective induction of apoptosis in mature T lymphocytes by variant T cell receptor ligands. J Exp Med *187*, 349-355.

Constant, S., Pfeiffer, C., Woodard, A., Pasqualini, T., and Bottomly, K. (1995). Extent of T cell receptor ligation can determine the functional differentiation of naive CD4+ T cells. J Exp Med *182*, 1591-1596.

Cresswell, P. (1994). Assembly, transport, and function of MHC class II molecules. Annu Rev Immunol *12*, 259-293.

Critchfield, J. M., and Lenardo, M. J. (1995). Antigen-induced programmed T cell death as a new approach to immune therapy. Clin Immunol Immunopathol *75*, 13-19.

Critchfield, J. M., Racke, M. K., Zuniga-Pflucker, J. C., Cannella, B., Raine, C. S., Goverman, J., and Lenardo, M. J. (1994). T cell deletion in high antigen dose therapy of autoimmune encephalomyelitis. Science *263*, 1139-1143. or sequestered in a particular body compartment; alternatively, these T cells may have low affinity receptors needing high levels of antigen. The second category is characterized by the need for immunoregulation. A random selection of T cells may escape clonal inactivation in the thymus but may be kept under constant suppression, which provides a fail-safe mechanism for deletional tolerance. In this review we will discuss these mechanisms and their possible importance in the prevention of autoimmunity.

Critchfield, J. M., Zuniga-Pflucker, J. C., and Lenardo, M. J. (1995). Parameters controlling the programmed death of mature mouse T lymphocytes in high-dose suppression. Cell Immunol *160*, 71-78.

Croft, M., Bradley, L. M., and Swain, S. L. (1994). Naive versus memory CD4 T cell response to antigen. Memory cells are less dependent on accessory cell costimulation and can respond to many antigen-presenting cell types including resting B cells. J Immunol *152*, 2675-2685.

Curtsinger, J. M., Lins, D. C., and Mescher, M. F. (2003). Signal 3 Determines Tolerance versus Full Activation of Naive CD8 T Cells: Dissociating Proliferation and Development of Effector Function. J Exp Med *197*, 1141-1151.

Danska, J. S., Livingstone, A. M., Paragas, V., Ishihara, T., and Fathman, C. G. (1990). The presumptive CDR3 regions of both T cell receptor alpha and beta chains determine T cell specificity for myoglobin peptides. J Exp Med *172*, 27-33.

Dautigny, N., and Lucas, B. (2000). Developmental regulation of TCR efficiency. Eur J Immunol *30*, 2472-2478.

Davenport, M. P. (1995). Antagonists or altruists: do viral mutants modulate T-cell responses? Immunol Today *16*, 432-436.

Davis, M. M., and Bjorkman, P. J. (1988). T-cell antigen receptor genes and T-cell recognition. Nature *334*, 395-402.

de Campos-Lima, P. O., Gavioli, R., Zhang, Q. J., Wallace, L. E., Dolcetti, R., Rowe, M., Rickinson, A. B., and Masucci, M. G. (1993). HLA-A11 epitope loss isolates of Epstein-Barr virus from a highly A11+ population. Science *260*, 98-100.

De Magistris, M. T., Alexander, J., Coggeshall, M., Altman, A., Gaeta, F. C., Grey, H. M., and Sette, A. (1992). Antigen analog-major histocompatibility complexes act as antagonists of the T cell receptor. Cell *68*, 625-634.

De Mattia, F., Chomez, S., Van Laethem, F., Moulin, V., Urbain, J., Moser, M., Leo, O., and Andris, F. (1999). Antigen-experienced T cells undergo a transient phase of unresponsiveness following optimal stimulation. J Immunol *163*, 5929-5936.

Delon, J., Gregoire, C., Malissen, B., Darche, S., Lemaitre, F., Kourilsky, P., Abastado, J. P., and Trautmann, A. (1998). CD8 expression allows T cell signaling by monomeric peptide-MHC complexes. Immunity *9*, 467-473.

Demotz, S., Grey, H. M., and Sette, A. (1990). The minimal number of class II MHC-antigen complexes needed for T cell activation. Science *249*, 1028-1030.

Dhein, J., Walczak, H., Baumler, C., Debatin, K. M., and Krammer, P. H. (1995a). Autocrine T-cell suicide mediated by APO-1/(Fas/CD95). Nature *373*, 438-441.

Dhein, J., Walczak, H., Westendorp, M. O., Baumler, C., Stricker, K., Frank, R., Debatin, K. M., and Krammer, P. H. (1995b). Molecular mechanisms of APO-1/Fas(CD95)-mediated apoptosis in tolerance and AIDS. Behring Inst Mitt *96*, 13-20.

Di Rosa, F., and Matzinger, P. (1996). Long-lasting CD8 T cell memory in the absence of CD4 T cells or B cells. J Exp Med *183*, 2153-2163.

Doherty, P. C., Hou, S., and Tripp, R. A. (1994). CD8+ T-cell memory to viruses. Curr Opin Immunol *6*, 545-552.

Doherty, P. C., Topham, D. J., and Tripp, R. A. (1996). Establishment and persistence of virus-specific CD4+ and CD8+ T cell memory. Immunol Rev *150*, 23-44.

Dooms, H., and Abbas, A. K. (2002). Life and death in effector T cells. Nat Immunol *3*, 797-798.

Douek, D. C., McFarland, R. D., Keiser, P. H., Gage, E. A., Massey, J. M., Haynes, B. F., Polis, M. A., Haase, A. T., Feinberg, M. B., Sullivan, J. L., *et al.* (1998). Changes in thymic function with age and during the treatment of HIV infection. Nature *396*, 690-695.

Dubey, C., Croft, M., and Swain, S. L. (1996). Naive and effector CD4 T cells differ in their requirements for T cell receptor versus costimulatory signals. J Immunol *157*, 3280-3289.

Duke, R. C., and Cohen, J. J. (1986). IL-2 addiction: withdrawal of growth factor activates a suicide program in dependent T cells. Lymphokine Res *5*, 289-299.

Duncan, D. D., and Swain, S. L. (1994). Role of antigen-presenting cells in the polarized development of helper T cell subsets: evidence for differential cytokine production by Th0 cells in response to antigen presentation by B cells and macrophages. Eur J Immunol *24*, 2506-2514.

Dustin, M. L., and Shaw, A. S. (1999). Costimulation: building an immunological synapse. Science *283*, 649-650.

Dutton, R. W., Bradley, L. M., and Swain, S. L. (1998). T cell memory. Annu Rev Immunol *16*, 201-223.

Effros, R. B., Doherty, P. C., Gerhard, W., and Bennink, J. (1977). Generation of both cross-reactive and virus-specific T-cell populations after immunization with serologically distinct influenza A viruses. J Exp Med *145*, 557-568.

el-Ad, B., Roth, Y., Winder, A., Tochner, Z., Lublin-Tennenbaum, T., Katz, E., and Schwartz, T. (1990). The persistence of neutralizing antibodies after revaccination against smallpox. J Infect Dis *161*, 446-448.

Engel, I., and Hedrick, S. M. (1988). Site-directed mutations in the VDJ junctional region of a T cell receptor beta chain cause changes in antigenic peptide recognition. Cell *54*, 473-484.

Ernst, B., Lee, D. S., Chang, J. M., Sprent, J., and Surh, C. D. (1999). The peptide ligands mediating positive selection in the thymus control T cell survival and homeostatic proliferation in the periphery. Immunity *11*, 173-181.

Esser, M. T., Marchese, R. D., Kierstead, L. S., Tussey, L. G., Wang, F., Chirmule, N., and Washabaugh, M. W. (2003). Memory T cells and vaccines. Vaccine *21*, 419-430.

Evavold, B. D., and Allen, P. M. (1991). Separation of IL-4 production from Th cell proliferation by an altered T cell receptor ligand. Science *252*, 1308-1310.

Evavold, B. D., Sloan, L. J., and Allen, P. M. (1994). Antagonism of superantigen-stimulated helper T-cell clones and hybridomas by altered peptide ligand. Proc Natl Acad Sci U S A *91*, 2300-2304.

Evavold, B. D., Sloan-Lancaster, J., and Allen, P. M. (1993). Tickling the TCR: selective T-cell functions stimulated by altered peptide ligands. Immunol Today *14*, 602-609.

Fairchild, P. J., Thorpe, C. J., Travers, P. J., and Wraith, D. C. (1994). Modulation of the immune response with T-cell epitopes: the ultimate goal for specific immunotherapy of autoimmune disease. Immunology *81*, 487-496.

Fisher, G. H., Rosenberg, F. J., Straus, S. E., Dale, J. K., Middleton, L. A., Lin, A. Y., Strober, W., Lenardo, M. J., and Puck, J. M. (1995). Dominant interfering Fas gene mutations impair apoptosis in a human autoimmune lymphoproliferative syndrome. Cell *81*, 935-946.

Foulds, K. E., Zenewicz, L. A., Shedlock, D. J., Jiang, J., Troy, A. E., and Shen, H. (2002). Cutting edge: CD4 and CD8 T cells are intrinsically different in their proliferative responses. J Immunol *168*, 1528-1532.

Franco, A., Ferrari, C., Sette, A., and Chisari, F. V. (1995). Viral mutations, TCR antagonism and escape from the immune response. Curr Opin Immunol *7*, 524-531.

Franco, A., Southwood, S., Arrhenius, T., Kuchroo, V. K., Grey, H. M., Sette, A., and Ishioka, G. Y. (1994). T cell receptor antagonist peptides are highly effective inhibitors of experimental allergic encephalomyelitis. Eur J Immunol *24*, 940-946.

Freitas, A. A., and Rocha, B. (1999). Peripheral T cell survival. Curr Opin Immunol *11*, 152-156.

Freitas, A. A., and Rocha, B. (2000). Population biology of lymphocytes: the flight for survival. Annu Rev Immunol *18*, 83-111.

Frey, S. E., Newman, F. K., Cruz, J., Shelton, W. B., Tennant, J. M., Polach, T., Rothman, A. L., Kennedy, J. S., Wolff, M., Belshe, R. B., and Ennis, F. A. (2002). Dose-related effects of smallpox vaccine. N Engl J Med *346*, 1275-1280.

Frey, S. E., Newman, F. K., Yan, L., Lottenbach, K. R., and Belshe, R. B. (2003). Response to smallpox vaccine in persons immunized in the distant past. Jama *289*, 3295-3299.

Fukui, Y., Oono, T., Cabaniols, J. P., Nakao, K., Hirokawa, K., Inayoshi, A., Sanui, T., Kanellopoulos, J., Iwata, E., Noda, M., *et al.* (2000). Diversity of T cell repertoire shaped by a single peptide ligand is critically affected by its amino acid residue at a T cell receptor contact. Proc Natl Acad Sci U S A *97*, 13760-13765.

Gabor, M. J., Scollay, R., and Godfrey, D. I. (1997). Thymic T cell export is not influenced by the peripheral T cell pool. Eur J Immunol *27*, 2986-2993.

Geginat, J., Lanzavecchia, A., and Sallusto, F. (2003). Proliferation and differentiation potential of human CD8+ memory T-cell subsets in response to antigen or homeostatic cytokines. Blood.

Geginat, J., Sallusto, F., and Lanzavecchia, A. (2001). Cytokine-driven proliferation and differentiation of human naive, central memory, and effector memory CD4(+) T cells. J Exp Med *194*, 1711-1719.

Germain, R. N. (1994). MHC-dependent antigen processing and peptide presentation: providing ligands for T lymphocyte activation. Cell *76*, 287-299.

Gett, A. V., and Hodgkin, P. D. (1998). Cell division regulates the T cell cytokine repertoire, revealing a mechanism underlying immune class regulation. Proc Natl Acad Sci U S A *95*, 9488-9493.

Gett, A. V., Sallusto, F., Lanzavecchia, A., and Geginat, J. (2003). T cell fitness determined by signal strength. Nat Immunol *4*, 355-360.

Goldrath, A. W., Bogatzki, L. Y., and Bevan, M. J. (2000). Naive T cells transiently acquire a memory-like phenotype during homeostasis-driven proliferation. J Exp Med *192*, 557-564.

Goulder, P., Price, D., Nowak, M., Rowland-Jones, S., Phillips, R., and McMichael, A. (1997). Co-evolution of human immunodeficiency virus and cytotoxic T-lymphocyte responses. Immunol Rev *159*, 17-29.

Grakoui, A., Bromley, S. K., Sumen, C., Davis, M. M., Shaw, A. S., Allen, P. M., and Dustin, M. L. (1999a). The immunological synapse: a molecular machine controlling T cell activation. Science *285*, 221-227.

Grakoui, A., Donermeyer, D. L., Kanagawa, O., Murphy, K. M., and Allen, P. M. (1999b). TCR-independent pathways mediate the effects of antigen dose and altered peptide ligands on Th cell polarization. J Immunol *162*, 1923-1930.

Gray, D., and Matzinger, P. (1991). T cell memory is short-lived in the absence of antigen. J Exp Med *174*, 969-974.

Grayson, J. M., Harrington, L. E., Lanier, J. G., Wherry, E. J., and Ahmed, R. (2002). Differential sensitivity of naive and memory CD8(+) T cells to apoptosis in vivo. J Immunol *169*, 3760-3770.

Gu, Z., Gao, Q., Li, X., Parniak, M. A., and Wainberg, M. A. (1992). Novel mutation in the human immunodeficiency virus type 1 reverse transcriptase gene that encodes cross-resistance to 2',3'-dideoxyinosine and 2',3'-dideoxycytidine. J Virol *66*, 7128-7135.

Haanen, J. B., Wolkers, M. C., Kruisbeek, A. M., and Schumacher, T. N. (1999). Selective expansion of cross-reactive CD8(+) memory T cells by viral variants. J Exp Med *190*, 1319-1328.

Haas, G., Plikat, U., Debre, P., Lucchiari, M., Katlama, C., Dudoit, Y., Bonduelle, O., Bauer, M., Ihlenfeldt, H. G., Jung, G., *et al.* (1996). Dynamics of viral variants in HIV-1 Nef and specific cytotoxic T lymphocytes in vivo. J Immunol *157*, 4212-4221.

Hamann, D., Baars, P. A., Rep, M. H., Hooibrink, B., Kerkhof-Garde, S. R., Klein, M. R., and van Lier, R. A. (1997). Phenotypic and functional separation of memory and effector human CD8+ T cells. J Exp Med *186*, 1407-1418.

Hamann, D., Kostense, S., Wolthers, K. C., Otto, S. A., Baars, P. A., Miedema, F., and van Lier, R. A. (1999a). Evidence that human CD8+CD45RA+CD27- cells are induced by antigen and evolve through extensive rounds of division. Int Immunol *11*, 1027-1033.

Hamann, D., Roos, M. T., and van Lier, R. A. (1999b). Faces and phases of human CD8 T-cell development. Immunol Today *20*, 177-180.

Hammarlund, E., Lewis, M. W., Hansen, S. G., Strelow, L. I., Nelson, J. A., Sexton, G. J., Hanifin, J. M., and Slifka, M. K. (2003). Duration of antiviral immunity after smallpox vaccination. Nat Med *9*, 1131-1137.

Harding, C. V., and Unanue, E. R. (1990). Quantitation of antigen-presenting cell MHC class II/peptide complexes necessary for T-cell stimulation. Nature *346*, 574-576.

Harty, J. T., and Badovinac, V. P. (2002). Influence of effector molecules on the CD8(+) T cell response to infection. Curr Opin Immunol *14*, 360-365.

Hawiger, D., Inaba, K., Dorsett, Y., Guo, M., Mahnke, K., Rivera, M., Ravetch, J. V., Steinman, R. M., and Nussenzweig, M. C. (2001). Dendritic cells induce peripheral T cell unresponsiveness under steady state conditions in vivo. J Exp Med *194*, 769-779.

Heath, W. R., and Carbone, F. R. (2001). Cross-presentation, dendritic cells, tolerance and immunity. Annu Rev Immunol *19*, 47-64.

Hilleman, M. R. (2000). Vaccines in historic evolution and perspective: a narrative of vaccine discoveries. Vaccine *18*, 1436-1447.

Hogquist, K. A., Jameson, S. C., and Bevan, M. J. (1994a). The ligand for positive selection of T lymphocytes in the thymus. Curr Opin Immunol *6*, 273-278.

Hogquist, K. A., Jameson, S. C., Heath, W. R., Howard, J. L., Bevan, M. J., and Carbone, F. R. (1994b). T cell receptor antagonist peptides induce positive selection. Cell *76*, 17-27.

Homann, D., Teyton, L., and Oldstone, M. B. (2001). Differential regulation of antiviral T-cell immunity results in stable CD8+ but declining CD4+ T-cell memory. Nat Med *7*, 913-919.

Hosken, N. A., Shibuya, K., Heath, A. W., Murphy, K. M., and O'Garra, A. (1995). The effect of antigen dose on CD4+ T helper cell phenotype development in a T cell receptor-alpha beta-transgenic model. J Exp Med *182*, 1579-1584.

Hou, S., Hyland, L., Ryan, K. W., Portner, A., and Doherty, P. C. (1994). Virus-specific CD8+ T-cell memory determined by clonal burst size. Nature *369*, 652-654.

Hsieh, C. S., Heimberger, A. B., Gold, J. S., O'Garra, A., and Murphy, K. M. (1992). Differential regulation of T helper phenotype development by interleukins 4 and 10 in an alpha beta T-cell-receptor transgenic system. Proc Natl Acad Sci U S A *89*, 6065-6069.

Hu, H., Huston, G., Duso, D., Lepak, N., Roman, E., and Swain, S. L. (2001). CD4(+) T cell effectors can become memory cells with high efficiency and without further division. Nat Immunol *2*, 705-710.

Hua, Z. C., Sohn, S. J., Kang, C., Cado, D., and Winoto, A. (2003). A function of Fas-associated death domain protein in cell cycle progression localized to a single amino acid at its C-terminal region. Immunity *18*, 513-521.

Huesmann, M., Scott, B., Kisielow, P., and von Boehmer, H. (1991). Kinetics and efficacy of positive selection in the thymus of normal and T cell receptor transgenic mice. Cell *66*, 533-540.

Iezzi, G., Karjalainen, K., and Lanzavecchia, A. (1998). The duration of antigenic stimulation determines the fate of naive and effector T cells. Immunity *8*, 89-95.

Iezzi, G., Scotet, E., Scheidegger, D., and Lanzavecchia, A. (1999). The interplay between the duration of TCR and cytokine signaling determines T cell polarization. Eur J Immunol *29*, 4092-4101.

Ise, W., Totsuka, M., Sogawa, Y., Ametani, A., Hachimura, S., Sato, T., Kumagai, Y., Habu, S., and Kaminogawa, S. (2002). Naive CD4+ T cells exhibit distinct expression patterns of cytokines and cell surface molecules on their primary responses to varying doses of antigen. J Immunol *168*, 3242-3250.

Itoh, Y., and Germain, R. N. (1997). Single cell analysis reveals regulated hierarchical T cell antigen receptor signaling thresholds and intraclonal heterogeneity for individual cytokine responses of CD4+ T cells. J Exp Med *186*, 757-766.

Jacob, J., and Baltimore, D. (1999). Modelling T-cell memory by genetic marking of memory T cells in vivo. Nature *399*, 593-597.

Jameson, S. C., Carbone, F. R., and Bevan, M. J. (1993). Clone-specific T cell receptor antagonists of major histocompatibility complex class I-restricted cytotoxic T cells. J Exp Med *177*, 1541-1550.

Jameson, S. C., Hogquist, K. A., and Bevan, M. J. (1995). Positive selection of thymocytes. Annu Rev Immunol *13*, 93-126.

Jelley-Gibbs, D. M., Lepak, N. M., Yen, M., and Swain, S. L. (2000). Two distinct stages in the transition from naive CD4 T cells to effectors, early antigen-dependent and late cytokine-driven expansion and differentiation. J Immunol *165*, 5017-5026.

Jones, L. A., Chin, L. T., Longo, D. L., and Kruisbeek, A. M. (1990). Peripheral clonal elimination of functional T cells. Science *250*, 1726-1729.

Joshi, S. K., Suresh, P. R., and Chauhan, V. S. (2001). Flexibility in MHC and TCR recognition: degenerate specificity at the T cell level in the recognition of promiscuous Th epitopes exhibiting no primary sequence homology. J Immunol *166*, 6693-6703.

Ju, S. T., Panka, D. J., Cui, H., Ettinger, R., el-Khatib, M., Sherr, D. H., Stanger, B. Z., and Marshak-Rothstein, A. (1995). Fas(CD95)/FasL interactions required for programmed cell death after T-cell activation. Nature *373*, 444-448.

Kaech, S. M., and Ahmed, R. (2001). Memory CD8+ T cell differentiation: initial antigen encounter triggers a developmental program in naive cells. Nat Immunol *2*, 415-422.

Kaech, S. M., and Ahmed, R. (2003). Immunology. CD8 T cells remember with a little help. Science *300*, 263-265.

Kaech, S. M., Hemby, S., Kersh, E., and Ahmed, R. (2002a). Molecular and functional profiling of memory CD8 T cell differentiation. Cell *111*, 837-851.

Kaech, S. M., Wherry, E. J., and Ahmed, R. (2002b). Effector and memory T-cell differentiation: implications for vaccine development. Nat Rev Immunol *2*, 251-262.

Kamperschroer, C., and Quinn, D. G. (1999). Quantification of epitope-specific MHC class-II-restricted T cells following lymphocytic choriomeningitis virus infection. Cell Immunol *193*, 134-146.

Kassiotis, G., Garcia, S., Simpson, E., and Stockinger, B. (2002). Impairment of immunological memory in the absence of MHC despite survival of memory T cells. Nat Immunol *3*, 244-250.

Katz-Levy, Y., Kirshner, S. L., Sela, M., and Mozes, E. (1993). Inhibition of T-cell reactivity to myasthenogenic epitopes of the human acetylcholine receptor by synthetic analogs. Proc Natl Acad Sci U S A *90*, 7000-7004.

Kelly, K. A., Pircher, H., von Boehmer, H., Davis, M. M., and Scollay, R. (1993). Regulation of T cell production in T cell receptor transgenic mice. Eur J Immunol *23*, 1922-1928.

Kennedy, N. J., Kataoka, T., Tschopp, J., and Budd, R. C. (1999). Caspase activation is required for T cell proliferation. J Exp Med *190*, 1891-1896.

Kessler, B., Hudrisier, D., Cerottini, J. C., and Luescher, I. F. (1997). Role of CD8 in aberrant function of cytotoxic T lymphocytes. J Exp Med *186*, 2033-2038.

Klenerman, P., Rowland-Jones, S., McAdam, S., Edwards, J., Daenke, S., Lalloo, D., Koppe, B., Rosenberg, W., Boyd, D., Edwards, A., and et al. (1994). Cytotoxic T-cell activity antagonized by naturally occurring HIV-1 Gag variants. Nature *369*, 403-407.

Krug, A., Veeraswamy, R., Pekosz, A., Kanagawa, O., Unanue, E. R., Colonna, M., and Cella, M. (2003). Interferon-producing cells fail to induce proliferation of naive T cells but can promote expansion and T helper 1 differentiation of antigen-experienced unpolarized T cells. J Exp Med *197*, 899-906.

Ku, C. C., Murakami, M., Sakamoto, A., Kappler, J., and Marrack, P. (2000). Control of homeostasis of CD8+ memory T cells by opposing cytokines. Science *288*, 675-678.

Kundig, T. M., Bachmann, M. F., Oehen, S., Hoffmann, U. W., Simard, J. J., Kalberer, C. P., Pircher, H., Ohashi, P. S., Hengartner, H., and Zinkernagel, R. M. (1996a). On the role of antigen in maintaining cytotoxic T-cell memory. Proc Natl Acad Sci U S A *93*, 9716-9723.

Kundig, T. M., Bachmann, M. F., Ohashi, P. S., Pircher, H., Hengartner, H., and Zinkernagel, R. M. (1996b). On T cell memory: arguments for antigen dependence. Immunol Rev *150*, 63-90.

Kunkel, E. J., and Butcher, E. C. (2002). Chemokines and the tissue-specific migration of lymphocytes. Immunity *16*, 1-4.

Lalvani, A., Brookes, R., Hambleton, S., Britton, W. J., Hill, A. V., and McMichael, A. J. (1997). Rapid effector function in CD8+ memory T cells. J Exp Med *186*, 859-865.

Langenkamp, A., Casorati, G., Garavaglia, C., Dellabona, P., Lanzavecchia, A., and Sallusto, F. (2002). T cell priming by dendritic cells: thresholds for proliferation, differentiation and death and intraclonal functional diversification. Eur J Immunol *32*, 2046-2054.

Lantz, O., Grandjean, I., Matzinger, P., and Di Santo, J. P. (2000). Gamma chain required for naive CD4+ T cell survival but not for antigen proliferation. Nat Immunol *1*, 54-58.

Lanzavecchia, A., and Sallusto, F. (2000). Dynamics of T lymphocyte responses: intermediates, effectors, and memory cells. Science *290*, 92-97.

Lanzavecchia, A., and Sallusto, F. (2002). Progressive differentiation and selection of the fittest in the immune response. Nat Rev Immunol *2*, 982-987.

Lau, L. L., Jamieson, B. D., Somasundaram, T., and Ahmed, R. (1994). Cytotoxic T-cell memory without antigen. Nature *369*, 648-652.

Lauvau, G., Vijh, S., Kong, P., Horng, T., Kerksiek, K., Serbina, N., Tuma, R. A., and Pamer, E. G. (2001). Priming of memory but not effector CD8 T cells by a killed bacterial vaccine. Science *294*, 1735-1739.

Lee, W. T., Pasos, G., Cecchini, L., and Mittler, J. N. (2002). Continued antigen stimulation is not required during CD4(+) T cell clonal expansion. J Immunol *168*, 1682-1689.

Lehner, P. J., and Cresswell, P. (1996). Processing and delivery of peptides presented by MHC class I molecules. Curr Opin Immunol *8*, 59-67.

Lenardo, M., Chan, K. M., Hornung, F., McFarland, H., Siegel, R., Wang, J., and Zheng, L. (1999). Mature T lymphocyte apoptosis--immune regulation in a dynamic and unpredictable antigenic environment. Annu Rev Immunol *17*, 221-253.

Lenardo, M. J. (1991). Interleukin-2 programs mouse $\alpha\beta$ T lymphocytes for apoptosis. Nature *353*, 858-861.

Lens, S. M., Kataoka, T., Fortner, K. A., Tinel, A., Ferrero, I., MacDonald, R. H., Hahne, M., Beermann, F., Attinger, A., Orbea, H. A., *et al.* (2002). The caspase 8 inhibitor c-FLIP(L) modulates T-cell receptor-induced proliferation but not activation-induced cell death of lymphocytes. Mol Cell Biol *22*, 5419-5433.

Lenschow, D. J., Walunas, T. L., and Bluestone, J. A. (1996). CD28/B7 system of T cell costimulation. Annu Rev Immunol *14*, 233-258.

Leuchars, E., Wallis, V. J., Doenhoff, M. J., Davies, A. J., and Kruger, J. (1978). Studies of hyperthymic mice. I. The influence of multiple thymus grafts on the size of the peripheral T cell pool and immunological performance. Immunology *35*, 801-809.

Leung, A. (1996). Variolation and vaccination in late imperial China 1570-1916. In vaccinia, vaccination, vaccinology: Jenner, Pasteur and their sucessors, Plotkin SA, and F. B, eds. (Paris, Elsevier), pp. 65-71.

Leupin, O., Zaru, R., Laroche, T., Muller, S., and Valitutti, S. (2000). Exclusion of CD45 from the T-cell receptor signaling area in antigen-stimulated T lymphocytes. Curr Biol *10*, 277-280.

Li, T. S., Tubiana, R., Katlama, C., Calvez, V., Ait Mohand, H., and Autran, B. (1998). Long-lasting recovery in CD4 T-cell function and viral-load reduction after highly active antiretroviral therapy in advanced HIV-1 disease. Lancet *351*, 1682-1686.

Liblau, R. S., Pearson, C. I., Shokat, K., Tisch, R., Yang, X. D., and McDevitt, H. O. (1994). High-dose soluble antigen: peripheral T-cell proliferation or apoptosis. Immunol Rev *142*, 193-208.

Lissy, N. A., Van Dyk, L. F., Becker-Hapak, M., Vocero-Akbani, A., Mendler, J. H., and Dowdy, S. F. (1998). TCR antigen-induced cell death occurs from a late G1 phase cell cycle check point. Immunity *8*, 57-65.

Lucas, B., Stefanova, I., Yasutomo, K., Dautigny, N., and Germain, R. N. (1999). Divergent changes in the sensitivity of maturing T cells to structurally related ligands underlies formation of a useful T cell repertoire. Immunity *10*, 367-376.

Lucas, P. J., Kim, S. J., Melby, S. J., and Gress, R. E. (2000). Disruption of T cell homeostasis in mice expressing a T cell-specific dominant negative transforming growth factor beta II receptor. J Exp Med *191*, 1187-1196.

Macatonia, S. E., Hsieh, C. S., Murphy, K. M., and O'Garra, A. (1993). Dendritic cells and macrophages are required for Th1 development of CD4+ T cells from alpha beta TCR transgenic mice: IL-12 substitution for macrophages to stimulate IFN-gamma production is IFN-gamma-dependent. Int Immunol *5*, 1119-1128.

Mackay, C. R., Marston, W. L., and Dudler, L. (1990). Naive and memory T cells show distinct pathways of lymphocyte recirculation. J Exp Med *171*, 801-817.

Madden, D. R. (1995). The three-dimensional structure of peptide-MHC complexes. Annu Rev Immunol *13*, 587-622.

Madrenas, J., Chau, L. A., Smith, J., Bluestone, J. A., and Germain, R. N. (1997). The efficiency of CD4 recruitment to ligand-engaged TCR controls the agonist/partial agonist properties of peptide-MHC molecule ligands. J Exp Med *185*, 219-229.

Madrenas, J., and Germain, R. N. (1996). Variant TCR ligands: new insights into the molecular basis of antigen-dependent signal transduction and T cell activation. Semin Immunol *8*, 83-101.

Madrenas, J., Schwartz, R. H., and Germain, R. N. (1996). Interleukin 2 production, not the pattern of early T-cell antigen receptor-dependent tyrosine phosphorylation, controls anergy induction by both agonists and partial agonists. Proc Natl Acad Sci U S A *93*, 9736-9741.

Madrenas, J., Wange, R. L., Wang, J. L., Isakov, N., Samelson, L. E., and Germain, R. N. (1995). Zeta phosphorylation without ZAP-70 activation induced by TCR antagonists or partial agonists. Science *267*, 515-518.

Maeurer, M. J., Chan, H. W., Karbach, J., Salter, R. D., Knuth, A., Lotze, M. T., and Storkus, W. J. (1996). Amino acid substitutions at position 97 in HLA-A2 segregate cytolysis from cytokine release in MART-1/Melan-A peptide AAGIGILTV-specific cytotoxic T lymphocytes. Eur J Immunol *26*, 2613-2623.

Manjunath, N., Shankar, P., Wan, J., Weninger, W., Crowley, M. A., Hieshima, K., Springer, T. A., Fan, X., Shen, H., Lieberman, J., and von Andrian, U. H. (2001). Effector differentiation is not prerequisite for generation of memory cytotoxic T lymphocytes. J Clin Invest *108*, 871-878.

Mariathasan, S., Bachmann, M. F., Bouchard, D., Ohteki, T., and Ohashi, P. S. (1998). Degree of TCR internalization and Ca2+ flux correlates with thymocyte selection. J Immunol *161*, 6030-6037.

Markiewicz, M. A., Girao, C., Opferman, J. T., Sun, J., Hu, Q., Agulnik, A. A., Bishop, C. E., Thompson, C. B., and Ashton-Rickardt, P. G. (1998). Long-term T cell memory requires the surface expression of self-peptide/major histocompatibility complex molecules. Proc Natl Acad Sci U S A *95*, 3065-3070.

Maroto, R., Shen, X., and Konig, R. (1999). Requirement for efficient interactions between CD4 and MHC class II molecules for survival of resting CD4+ T lymphocytes in vivo and for activation-induced cell death. J Immunol *162*, 5973-5980.

Martin, R., Gran, B., Zhao, Y., Markovic-Plese, S., Bielekova, B., Marques, A., Sung, M. H., Hemmer, B., Simon, R., McFarland, H. F., and Pinilla, C. (2001). Molecular mimicry and antigen-specific T cell responses in multiple sclerosis and chronic CNS Lyme disease. J Autoimmun *16*, 187-192.

Mason, D. (1998). A very high level of crossreactivity is an essential feature of the T-cell receptor. Immunol Today *19*, 395-404.

Masopust, D., Vezys, V., Marzo, A. L., and Lefrancois, L. (2001). Preferential localization of effector memory cells in nonlymphoid tissue. Science *291*, 2413-2417.

Matloubian, M., Concepcion, R. J., and Ahmed, R. (1994). CD4+ T cells are required to sustain CD8+ cytotoxic T-cell responses during chronic viral infection. J Virol *68*, 8056-8063.

Matloubian, M., Suresh, M., Glass, A., Galvan, M., Chow, K., Whitmire, J. K., Walsh, C. M., Clark, W. R., and Ahmed, R. (1999). A role for perforin in downregulating T-cell responses during chronic viral infection. J Virol *73*, 2527-2536.

Matsuoka, T., Kohrogi, H., Ando, M., Nishimura, Y., and Matsushita, S. (1996). Altered TCR ligands affect antigen-presenting cell responses: up-regulation of IL-12 by an analogue peptide. J Immunol *157*, 4837-4843.

Matzinger, P. (1994). Immunology. Memories are made of this? Nature *369*, 605-606.

McDonagh, M., and Bell, E. B. (1995). The survival and turnover of mature and immature CD8 T cells. Immunology *84*, 514-520.

McHeyzer-Williams, L. J., Panus, J. F., Mikszta, J. A., and McHeyzer-Williams, M. G. (1999). Evolution of antigen-specific T cell receptors in vivo: preimmune and antigen-driven selection of preferred complementarity-determining region 3 (CDR3) motifs. J Exp Med *189*, 1823-1838.

McHeyzer-Williams, M. G., and Davis, M. M. (1995). Antigen-specific development of primary and memory T cells in vivo. Science *268*, 106-111.

Mercado, R., Vijh, S., Allen, S. E., Kerksiek, K., Pilip, I. M., and Pamer, E. G. (2000). Early programming of T cell populations responding to bacterial infection. J Immunol *165*, 6833-6839.

Monks, C. R., Freiberg, B. A., Kupfer, H., Sciaky, N., and Kupfer, A. (1998). Three-dimensional segregation of supramolecular activation clusters in T cells. Nature *395*, 82-86.

Mora, J. R., Bono, M. R., Manjunath, N., Weninger, W., Cavanagh, L. L., Rosemblatt, M., and Von Andrian, U. H. (2003). Selective imprinting of gut-homing T cells by Peyer's patch dendritic cells. Nature *424*, 88-93.

Morrison, L. A., Lukacher, A. E., Braciale, V. L., Fan, D. P., and Braciale, T. J. (1986). Differences in antigen presentation to MHC class I-and class II-restricted influenza virus-specific cytolytic T lymphocyte clones. J Exp Med *163*, 903-921.

Moskophidis, D., Laine, E., and Zinkernagel, R. M. (1993a). Peripheral clonal deletion of antiviral memory CD8+ T cells. Eur J Immunol *23*, 3306-3311.

Moskophidis, D., Lechner, F., Pircher, H., and Zinkernagel, R. M. (1993b). Virus persistence in acutely infected immunocompetent mice by exhaustion of antiviral cytotoxic effector T cells. Nature *362*, 758-761.

Mullbacher, A., and Flynn, K. (1996). Aspects of cytotoxic T cell memory. Immunol Rev *150*, 113-127.

Murali-Krishna, K., and Ahmed, R. (2000). Cutting edge: naive T cells masquerading as memory cells. J Immunol *165*, 1733-1737.

Murali-Krishna, K., Altman, J. D., Suresh, M., Sourdive, D., Zajac, A., and Ahmed, R. (1998a). In vivo dynamics of anti-viral CD8 T cell responses to different epitopes. An evaluation of bystander activation in primary and secondary responses to viral infection. Adv Exp Med Biol *452*, 123-142.

Murali-Krishna, K., Altman, J. D., Suresh, M., Sourdive, D. J., Zajac, A. J., Miller, J. D., Slansky, J., and Ahmed, R. (1998b). Counting antigen-specific CD8 T cells: a reevaluation of bystander activation during viral infection. Immunity *8*, 177-187.

Murali-Krishna, K., Lau, L. L., Sambhara, S., Lemonnier, F., Altman, J., and Ahmed, R. (1999). Persistence of memory CD8 T cells in MHC class I-deficient mice. Science *286*, 1377-1381.

Murtaza, A., Kuchroo, V. K., and Freeman, G. J. (1999). Changes in the strength of co-stimulation through the B7/CD28 pathway alter functional T cell responses to altered peptide ligands. Int Immunol *11*, 407-416.

Nagata, S. (1997). Apoptosis by death factor. Cell *88*, 355-365.

Nesic, D., and Vukmanovic, S. (1998). MHC class I is required for peripheral accumulation of CD8+ thymic emigrants. J Immunol *160*, 3705-3712.

Nguyen, L. T., McKall-Faienza, K., Zakarian, A., Speiser, D. E., Mak, T. W., and Ohashi, P. S. (2000). TNF receptor 1 (TNFR1) and CD95 are not required for T cell deletion after virus infection but contribute to peptide-induced deletion under limited conditions. Eur J Immunol *30*, 683-688.

Ochsenbein, A. F. (2002). Principles of tumor immunosurveillance and implications for immunotherapy. Cancer Gene Ther *9*, 1043-1055.

Ochsenbein, A. F., Klenerman, P., Karrer, U., Ludewig, B., Pericin, M., Hengartner, H., and Zinkernagel, R. M. (1999). Immune surveillance against a solid tumor fails because of immunological ignorance. Proc Natl Acad Sci U S A *96*, 2233-2238.

Oehen, S., and Brduscha-Riem, K. (1998). Differentiation of naive CTL to effector and memory CTL: correlation of effector function with phenotype and cell division. J Immunol *161*, 5338-5346.

Oehen, S., Waldner, H., Kundig, T. M., Hengartner, H., and Zinkernagel, R. M. (1992). Antivirally protective cytotoxic T cell memory to lymphocytic choriomeningitis virus is governed by persisting antigen. J Exp Med *176*, 1273-1281.

Openshaw, P., Murphy, E. E., Hosken, N. A., Maino, V., Davis, K., Murphy, K., and O'Garra, A. (1995). Heterogeneity of intracellular cytokine synthesis at the single-cell level in polarized T helper 1 and T helper 2 populations. J Exp Med *182*, 1357-1367.

Opferman, J. T., Ober, B. T., and Ashton-Rickardt, P. G. (1999). Linear differentiation of cytotoxic effectors into memory T lymphocytes. Science *283*, 1745-1748.

Orchansky, P. L., and Teh, H. S. (1994). Activation-induced cell death in proliferating T cells is associated with altered tyrosine phosphorylation of TCR/CD3 subunits. J Immunol *153*, 615-622.

Owen, J. A., Allouche, M., and Doherty, P. C. (1982). Limiting dilution analysis of the specificity of influenza-immune cytotoxic T cells. Cell Immunol *67*, 49-59.

Pantaleo, G., Soudeyns, H., Demarest, J. F., Vaccarezza, M., Graziosi, C., Paolucci, S., Daucher, M., Cohen, O. J., Denis, F., Biddison, W. E., *et al.* (1997). Evidence for rapid disappearance of initially expanded HIV-specific CD8+ T cell clones during primary HIV infection. Proc Natl Acad Sci U S A *94*, 9848-9853.

Panum, P. (1939). Observations made during the epidemic of measles on the Faroe Islands in the year 1846. *Med Classics*, 839-886.

Petrie, H. T., Hugo, P., Scollay, R., and Shortman, K. (1990). Lineage relationships and developmental kinetics of immature thymocytes: CD3, CD4, and CD8 acquisition in vivo and in vitro. J Exp Med *172,* 1583-1588.

Pfeiffer, C., Stein, J., Southwood, S., Ketelaar, H., Sette, A., and Bottomly, K. (1995). Altered peptide ligands can control CD4 T lymphocyte differentiation in vivo. J Exp Med *181,* 1569-1574.

Pihlgren, M., Dubois, P. M., Tomkowiak, M., Sjogren, T., and Marvel, J. (1996). Resting memory CD8+ T cells are hyperreactive to antigenic challenge in vitro. J Exp Med *184,* 2141-2151.

Pingel, S., Launois, P., Fowell, D. J., Turck, C. W., Southwood, S., Sette, A., Glaichenhaus, N., Louis, J. A., and Locksley, R. M. (1999). Altered ligands reveal limited plasticity in the T cell response to a pathogenic epitope. J Exp Med *189,* 1111-1120.

Pircher, H., Moskophidis, D., Rohrer, U., Burki, K., Hengartner, H., and Zinkernagel, R. M. (1990). Viral escape by selection of cytotoxic T cell-resistant virus variants in vivo. Nature *346,* 629-633.

Price, D. A., Goulder, P. J., Klenerman, P., Sewell, A. K., Easterbrook, P. J., Troop, M., Bangham, C. R., and Phillips, R. E. (1997). Positive selection of HIV-1 cytotoxic T lymphocyte escape variants during primary infection. Proc Natl Acad Sci U S A *94,* 1890-1895.

Rabinowitz, J. D., Beeson, C., Lyons, D. S., Davis, M. M., and McConnell, H. M. (1996). Kinetic discrimination in T-cell activation. Proc Natl Acad Sci U S A *93,* 1401-1405.

Racioppi, L., Ronchese, F., Matis, L. A., and Germain, R. N. (1993). Peptide-major histocompatibility complex class II complexes with mixed agonist/antagonist properties provide evidence for ligand-related differences in T cell receptor-dependent intracellular signaling. J Exp Med *177,* 1047-1060.

Rammensee, H. G. (1995). Chemistry of peptides associated with MHC class I and class II molecules. Curr Opin Immunol *7,* 85-96.

Rathmell, J. C., and Thompson, C. B. (1999). The central effectors of cell death in the immune system. Annu Rev Immunol *17,* 781-828.

Refaeli, Y., Van Parijs, L., Alexander, S. I., and Abbas, A. K. (2002). Interferon gamma Is Required for Activation-induced Death of T Lymphocytes. J Exp Med *196,* 999-1005.

Refaeli, Y., Van Parijs, L., London, C. A., Tschopp, J., and Abbas, A. K. (1998). Biochemical mechanisms of IL-2-regulated Fas-mediated T cell apoptosis. Immunity *8,* 615-623.

Reich, A., Korner, H., Sedgwick, J. D., and Pircher, H. (2000). Immune down-regulation and peripheral deletion of CD8 T cells does not require TNF receptor-ligand interactions nor CD95 (Fas, APO-1). Eur J Immunol *30,* 678-682.

Reis e Sousa, C., Levine, E. H., and Germain, R. N. (1996). Partial signaling by CD8+ T cells in response to antagonist ligands. J Exp Med *184,* 149-157.

Renard, V., Delon, J., Luescher, I. F., Malissen, B., Vivier, E., and Trautmann, A. (1996). The CD8 beta polypeptide is required for the recognition of an altered peptide ligand as an agonist. Eur J Immunol *26*, 2999-3007.

Renno, T., Attinger, A., Locatelli, S., Bakker, T., Vacheron, S., and MacDonald, H. R. (1999). Cutting edge: apoptosis of superantigen-activated T cells occurs preferentially after a discrete number of cell divisions in vivo. J Immunol *162*, 6312-6315.

Reth, M. (1989). Antigen receptor tail clue. Nature *338*, 383-384.

Retief, F. P., and Cilliers, L. (1998). The epidemic of Athens, 430-426 BC. S Afr Med J *88*, 50-53.

Richter, A., Lohning, M., and Radbruch, A. (1999). Instruction for cytokine expression in T helper lymphocytes in relation to proliferation and cell cycle progression. J Exp Med *190*, 1439-1450.

Ridge, J. P., Di Rosa, F., and Matzinger, P. (1998). A conditioned dendritic cell can be a temporal bridge between a CD4+ T-helper and a T-killer cell. Nature *393*, 474-478.

Rieux-Laucat, F., Le Deist, F., Hivroz, C., Roberts, I. A., Debatin, K. M., Fischer, A., and de Villartay, J. P. (1995). Mutations in Fas associated with human lymphoproliferative syndrome and autoimmunity. Science *268*, 1347-1349.

Robinson, H. L. (2003). T cells versus HIV-1: fighting exhaustion as well as escape. Nat Immunol *4*, 12-13.

Rocha, B. (2002). Requirements for memory maintenance. Nat Immunol *3*, 209-210.

Rocha, B., Grandien, A., and Freitas, A. A. (1995). Anergy and exhaustion are independent mechanisms of peripheral T cell tolerance. J Exp Med *181*, 993-1003.

Ronchese, F., Hausmann, B., and Le Gros, G. (1994). Interferon-gamma- and interleukin-4-producing T cells can be primed on dendritic cells in vivo and do not require the presence of B cells. Eur J Immunol *24*, 1148-1154.

Rothbard, J. B., and Gefter, M. L. (1991). Interactions between immunogenic peptides and MHC proteins. Annu Rev Immunol *9*, 527-565.

Russell, J. H., Rush, B., Weaver, C., and Wang, R. (1993). Mature T cells of autoimmune lpr/lpr mice have a defect in antigen-stimulated suicide. Proc Natl Acad Sci U S A *90*, 4409-4413.

Russell, J. H., and Wang, R. (1993). Autoimmune gld mutation uncouples suicide and cytokine/proliferation pathways in activated, mature T cells. Eur J Immunol *23*, 2379-2382.

Sad, S., and Mosmann, T. R. (1994). Single IL-2-secreting precursor CD4 T cell can develop into either Th1 or Th2 cytokine secretion phenotype. J Immunol *153*, 3514-3522.

Sallusto, F., Langenkamp, A., Geginat, J., and Lanzavecchia, A. (2000). Functional subsets of memory T cells identified by CCR7 expression. Curr Top Microbiol Immunol *251*, 167-171.

Sallusto, F., and Lanzavecchia, A. (2001). Exploring pathways for memory T cell generation. J Clin Invest *108*, 805-806.

Sallusto, F., Lenig, D., Forster, R., Lipp, M., and Lanzavecchia, A. (1999). Two subsets of memory T lymphocytes with distinct homing potentials and effector functions. Nature *401*, 708-712.

Sallusto, F., Lenig, D., Mackay, C. R., and Lanzavecchia, A. (1998). Flexible programs of chemokine receptor expression on human polarized T helper 1 and 2 lymphocytes. J Exp Med *187*, 875-883.

Sant'Angelo, D. B., Waterbury, P. G., Cohen, B. E., Martin, W. D., Van Kaer, L., Hayday, A. C., and Janeway, C. A., Jr. (1997). The imprint of intrathymic self-peptides on the mature T cell receptor repertoire. Immunity *7*, 517-524.

Scaffidi, C., Schmitz, I., Zha, J., Korsmeyer, S. J., Krammer, P. H., and Peter, M. E. (1999). Differential modulation of apoptosis sensitivity in CD95 type I and type II cells. J Biol Chem *274*, 22532-22538.

Schlosstein, L., Terasaki, P. I., Bluestone, R., and Pearson, C. M. (1973). High association of an HL-A antigen, W27, with ankylosing spondylitis. N Engl J Med *288*, 704-706.

Schluns, K. S., Kieper, W. C., Jameson, S. C., and Lefrancois, L. (2000). Interleukin-7 mediates the homeostasis of naive and memory CD8 T cells in vivo. Nat Immunol *1*, 426-432.

Schmitz, J., Assenmacher, M., and Radbruch, A. (1993). Regulation of T helper cell cytokine expression: functional dichotomy of antigen-presenting cells. Eur J Immunol *23*, 191-199.

Schoenberger, S. P., Toes, R. E., van der Voort, E. I., Offringa, R., and Melief, C. J. (1998). T-cell help for cytotoxic T lymphocytes is mediated by CD40-CD40L interactions. Nature *393*, 480-483.

Scollay, R. G., Butcher, E. C., and Weissman, I. L. (1980). Thymus cell migration. Quantitative aspects of cellular traffic from the thymus to the periphery in mice. Eur J Immunol *10*, 210-218.

Seder, R. A., and Ahmed, R. (2003). Similarities and differences in CD4(+) and CD8(+) effector and memory T cell generation. Nat Immunol *4*, 835-842.

Seder, R. A., Paul, W. E., Davis, M. M., and Fazekas de St Groth, B. (1992). The presence of interleukin 4 during in vitro priming determines the lymphokine-producing potential of CD4+ T cells from T cell receptor transgenic mice. J Exp Med *176*, 1091-1098.

Sette, A., Vitiello, A., Reherman, B., Fowler, P., Nayersina, R., Kast, W. M., Melief, C. J., Oseroff, C., Yuan, L., Ruppert, J., and et al. (1994). The relationship between class I binding affinity and immunogenicity of potential cytotoxic T cell epitopes. J Immunol *153*, 5586-5592.

Shedlock, D. J., and Shen, H. (2003). Requirement for CD4 T cell help in generating functional CD8 T cell memory. Science *300*, 337-339.

Shepherd, J. C., Schumacher, T. N., Ashton-Rickardt, P. G., Imaeda, S., Ploegh, H. L., Janeway, C. A., Jr., and Tonegawa, S. (1993). TAP1-dependent peptide translocation in vitro is ATP dependent and peptide selective. Cell *74*, 577-584.

Silvius, J. R. (2003). Role of cholesterol in lipid raft formation: lessons from lipid model systems. Biochim Biophys Acta *1610*, 174-183.

Slifka, M. K., Rodriguez, F., and Whitton, J. L. (1999). Rapid on/off cycling of cytokine production by virus-specific CD8+ T cells. Nature *401*, 76-79.

Slifka, M. K., and Whitton, J. L. (2000). Activated and memory CD8+ T cells can be distinguished by their cytokine profiles and phenotypic markers. J Immunol *164*, 208-216.

Sloan-Lancaster, J., and Allen, P. M. (1995). Signalling events in the anergy induction of T helper 1 cells. Ciba Found Symp *195*, 189-196; discussion 196-202.

Sloan-Lancaster, J., Evavold, B. D., and Allen, P. M. (1993). Induction of T-cell anergy by altered T-cell-receptor ligand on live antigen-presenting cells. Nature *363*, 156-159.

Sloan-Lancaster, J., Evavold, B. D., and Allen, P. M. (1994a). Th2 cell clonal anergy as a consequence of partial activation. J Exp Med *180*, 1195-1205.

Sloan-Lancaster, J., Shaw, A. S., Rothbard, J. B., and Allen, P. M. (1994b). Partial T cell signaling: altered phospho-zeta and lack of zap70 recruitment in APL-induced T cell anergy. Cell *79*, 913-922.

Smilek, D. E., Wraith, D. C., Hodgkinson, S., Dwivedy, S., Steinman, L., and McDevitt, H. O. (1991). A single amino acid change in a myelin basic protein peptide confers the capacity to prevent rather than induce experimental autoimmune encephalomyelitis. Proc Natl Acad Sci U S A *88*, 9633-9637.

Sperling, A. I., Sedy, J. R., Manjunath, N., Kupfer, A., Ardman, B., and Burkhardt, J. K. (1998). TCR signaling induces selective exclusion of CD43 from the T cell-antigen-presenting cell contact site. J Immunol *161*, 6459-6462.

Sprent, J., Schaefer, M., Hurd, M., Surh, C. D., and Ron, Y. (1991). Mature murine B and T cells transferred to SCID mice can survive indefinitely and many maintain a virgin phenotype. J Exp Med *174*, 717-728.

Sprent, J., and Surh, C. D. (2001). Generation and maintenance of memory T cells. Curr Opin Immunol *13*, 248-254.

Springer, T. A. (1994). Traffic signals for lymphocyte recirculation and leukocyte emigration: the multistep paradigm. Cell *76*, 301-314.

Steimle, V., Siegrist, C. A., Mottet, A., Lisowska-Grospierre, B., and Mach, B. (1994). Regulation of MHC class II expression by interferon-gamma mediated by the transactivator gene CIITA. Science *265*, 106-109.

Strasser, A. (1995). Life and death during lymphocyte development and function: evidence for two distinct killing mechanisms. Curr Opin Immunol *7*, 228-234.

Sun, J. C., and Bevan, M. J. (2003). Defective CD8 T cell memory following acute infection without CD4 T cell help. Science *300*, 339-342.

Surh, C. D., and Sprent, J. (1994). T-cell apoptosis detected in situ during positive and negative selection in the thymus. Nature *372*, 100-103.

Surh, C. D., and Sprent, J. (2000). Homeostatic T cell proliferation: how far can T cells be activated to self-ligands? J Exp Med *192*, F9-F14.

Suzuki, I., and Fink, P. J. (2000). The dual functions of fas ligand in the regulation of peripheral CD8+ and CD4+ T cells. Proc Natl Acad Sci U S A *97*, 1707-1712.

Suzuki, I., Martin, S., Boursalian, T. E., Beers, C., and Fink, P. J. (2000). Fas ligand costimulates the in vivo proliferation of CD8+ T cells. J Immunol *165*, 5537-5543.

Swain, S. L. (1994). Generation and in vivo persistence of polarized Th1 and Th2 memory cells. Immunity *1*, 543-552.

Swain, S. L., Hu, H., and Huston, G. (1999). Class II-independent generation of CD4 memory T cells from effectors. Science *286*, 1381-1383.

Swain, S. L., Weinberg, A. D., and English, M. (1990). CD4+ T cell subsets. Lymphokine secretion of memory cells and of effector cells that develop from precursors in vitro. J Immunol *144*, 1788-1799.

Takeda, S., Rodewald, H. R., Arakawa, H., Bluethmann, H., and Shimizu, T. (1996). MHC class II molecules are not required for survival of newly generated CD4+ T cells, but affect their long-term life span. Immunity *5*, 217-228.

Tamiya, S., Etoh, K., Suzushima, H., Takatsuki, K., and Matsuoka, M. (1998). Mutation of CD95 (Fas/Apo-1) gene in adult T-cell leukemia cells. Blood *91*, 3935-3942.

Tanchot, C., Lemonnier, F. A., Perarnau, B., Freitas, A. A., and Rocha, B. (1997). Differential requirements for survival and proliferation of CD8 naive or memory T cells. Science *276*, 2057-2062.

Tanchot, C., and Rocha, B. (1995). The peripheral T cell repertoire: independent homeostatic regulation of virgin and activated CD8+ T cell pools. Eur J Immunol *25*, 2127-2136.

Tanchot, C., and Rocha, B. (1997). Peripheral selection of T cell repertoires: the role of continuous thymus output. J Exp Med *186*, 1099-1106.

Tanchot, C., and Rocha, B. (1998). The organization of mature T-cell pools. Immunol Today *19*, 575-579.

Tao, X., Grant, C., Constant, S., and Bottomly, K. (1997). Induction of IL-4-producing CD4+ T cells by antigenic peptides altered for TCR binding. J Immunol *158*, 4237-4244.

Tham, E. L., and Mescher, M. F. (2002). The poststimulation program of CD4 versus CD8 T cells (death versus activation-induced nonresponsiveness). J Immunol *169*, 1822-1828.

Tham, E. L., Shrikant, P., and Mescher, M. F. (2002). Activation-induced nonresponsiveness: a Th-dependent regulatory checkpoint in the CTL response. J Immunol *168*, 1190-1197.

Tian, J., Lehmann, P. V., and Kaufman, D. L. (1994). T cell cross-reactivity between coxsackievirus and glutamate decarboxylase is associated with a murine diabetes susceptibility allele. J Exp Med *180*, 1979-1984.

Todd, J. A., Acha-Orbea, H., Bell, J. I., Chao, N., Fronek, Z., Jacob, C. O., McDermott, M., Sinha, A. A., Timmerman, L., Steinman, L., and et al. (1988). A molecular basis for MHC class II--associated autoimmunity. Science *240*, 1003-1009.

Tough, D. F., and Sprent, J. (1994). Turnover of naive- and memory-phenotype T cells. J Exp Med *179*, 1127-1135.

Tourdot, S., Scardino, A., Saloustrou, E., Gross, D. A., Pascolo, S., Cordopatis, P., Lemonnier, F. A., and Kosmatopoulos, K. (2000). A general strategy to enhance immunogenicity of low-affinity HLA-A2. 1-associated peptides: implication in the identification of cryptic tumor epitopes. Eur J Immunol *30*, 3411-3421.

Unutmaz, D., Baldoni, F., and Abrignani, S. (1995). Human naive T cells activated by cytokines differentiate into a split phenotype with functional features intermediate between naive and memory T cells. Int Immunol *7*, 1417-1424.

Unutmaz, D., Pileri, P., and Abrignani, S. (1994). Antigen-independent activation of naive and memory resting T cells by a cytokine combination. J Exp Med *180*, 1159-1164.

Valitutti, S., and Lanzavecchia, A. (1997). Serial triggering of TCRs: a basis for the sensitivity and specificity of antigen recognition. Immunol Today *18*, 299-304.

Valitutti, S., Muller, S., Cella, M., Padovan, E., and Lanzavecchia, A. (1995). Serial triggering of many T-cell receptors by a few peptide-MHC complexes. Nature *375*, 148-151.

Valitutti, S., Muller, S., Dessing, M., and Lanzavecchia, A. (1996). Different responses are elicited in cytotoxic T lymphocytes by different levels of T cell receptor occupancy. J Exp Med *183*, 1917-1921.

van Stipdonk, M. J., Hardenberg, G., Bijker, M. S., Lemmens, E. E., Droin, N. M., Green, D. R., and Schoenberger, S. P. (2003). Dynamic programming of CD8+ T lymphocyte responses. Nat Immunol *4*, 361-365.

van Stipdonk, M. J., Lemmens, E. E., and Schoenberger, S. P. (2001). Naive CTLs require a single brief period of antigenic stimulation for clonal expansion and differentiation. Nat Immunol *2*, 423-429.

Veiga-Fernandes, H., Walter, U., Bourgeois, C., McLean, A., and Rocha, B. (2000). Response of naive and memory CD8+ T cells to antigen stimulation in vivo. Nat Immunol *1*, 47-53.

Vella, A. T., Dow, S., Potter, T. A., Kappler, J., and Marrack, P. (1998). Cytokine-induced survival of activated T cells in vitro and in vivo. Proc Natl Acad Sci U S A *95*, 3810-3815.

Vijh, S., and Pamer, E. G. (1997). Immunodominant and subdominant CTL responses to Listeria monocytogenes infection. J Immunol *158*, 3366-3371.

Viola, A., and Lanzavecchia, A. (1996). T cell activation determined by T cell receptor number and tunable thresholds. Science *273*, 104-106.

Viola, A., Schroeder, S., Sakakibara, Y., and Lanzavecchia, A. (1999). T lymphocyte costimulation mediated by reorganization of membrane microdomains. Science *283*, 680-682.

Viret, C., Wong, F. S., and Janeway, C. A., Jr. (1999). Designing and maintaining the mature TCR repertoire: the continuum of self-peptide:self-MHC complex recognition. Immunity *10*, 559-568.

von Boehmer, H., Teh, H. S., and Kisielow, P. (1989). The thymus selects the useful, neglects the useless and destroys the harmful. Immunol Today *10*, 57-61.

Wang, X. Z., Stepp, S. E., Brehm, M. A., Chen, H. D., Selin, L. K., and Welsh, R. M. (2003). Virus-specific CD8 T cells in peripheral tissues are more resistant to apoptosis than those in lymphoid organs. Immunity *18*, 631-642.

Wauben, M. H., Boog, C. J., van der Zee, R., Joosten, I., Schlief, A., and van Eden, W. (1992). Disease inhibition by major histocompatibility complex binding peptide analogues of disease-associated epitopes: more than blocking alone. J Exp Med *176*, 667-677.

Wei, C. H., Yagita, H., Masucci, M. G., and Levitsky, V. (2001). Different programs of activation-induced cell death are triggered in mature activated CTL by immunogenic and partially agonistic peptide ligands. J Immunol *166*, 989-995.

Weiss, A., and Littman, D. R. (1994). Signal transduction by lymphocyte antigen receptors. Cell *76*, 263-274.

Wherry, E. J., McElhaugh, M. J., and Eisenlohr, L. C. (2002). Generation of CD8(+) T cell memory in response to low, high, and excessive levels of epitope. J Immunol *168*, 4455-4461.

Wherry, E. J., Teichgraber, V., Becker, T. C., Masopust, D., Kaech, S. M., Antia, R., Von Andrian, U. H., and Ahmed, R. (2003). Lineage relationship and protective immunity of memory CD8 T cell subsets. Nat Immunol *4*, 225-234.

Whitmire, J. K., and Ahmed, R. (2000). Costimulation in antiviral immunity: differential requirements for CD4(+) and CD8(+) T cell responses. Curr Opin Immunol *12*, 448-455.

Whitmire, J. K., Murali-Krishna, K., Altman, J., and Ahmed, R. (2000). Antiviral CD4 and CD8 T-cell memory: differences in the size of the response and activation requirements. Philos Trans R Soc Lond B Biol Sci *355*, 373-379.

Willerford, D. M., Chen, J., Ferry, J. A., Davidson, L., Ma, A., and Alt, F. W. (1995). Interleukin-2 receptor alpha chain regulates the size and content of the peripheral lymphoid compartment. Immunity *3*, 521-530.

Williams, O., Tanaka, Y., Bix, M., Murdjeva, M., Littman, D. R., and Kioussis, D. (1996). Inhibition of thymocyte negative selection by T cell receptor antagonist peptides. Eur J Immunol *26*, 532-538.

Williams, O., Tanaka, Y., Tarazona, R., and Kioussis, D. (1997). The agonist-antagonist balance in positive selection. Immunol Today *18*, 121-126.

Windhagen, A., Scholz, C., Hollsberg, P., Fukaura, H., Sette, A., and Hafler, D. A. (1995). Modulation of cytokine patterns of human autoreactive T cell clones by a single amino acid substitution of their peptide ligand. Immunity *2*, 373-380.

Wong, P., and Pamer, E. G. (2003). Feedback regulation of pathogen-specific T cell priming. Immunity *18*, 499-511.

Wraith, D. C., Smilek, D. E., Mitchell, D. J., Steinman, L., and McDevitt, H. O. (1989). Antigen recognition in autoimmune encephalomyelitis and the potential for peptide-mediated immunotherapy. Cell *59*, 247-255.

Wu, C. Y., Kirman, J. R., Rotte, M. J., Davey, D. F., Perfetto, S. P., Rhee, E. G., Freidag, B. L., Hill, B. J., Douek, D. C., and Seder, R. A. (2002). Distinct lineages of T(H)1 cells have differential capacities for memory cell generation in vivo. Nat Immunol *3*, 852-858.

Wucherpfennig, K. W., and Strominger, J. L. (1995). Molecular mimicry in T cell-mediated autoimmunity: viral peptides activate human T cell clones specific for myelin basic protein. Cell *80*, 695-705.

Wulfing, C., Sumen, C., Sjaastad, M. D., Wu, L. C., Dustin, M. L., and Davis, M. M. (2002). Costimulation and endogenous MHC ligands contribute to T cell recognition. Nat Immunol *3*, 42-47.

York, I. A., and Rock, K. L. (1996). Antigen processing and presentation by the class I major histocompatibility complex. Annu Rev Immunol *14*, 369-396.

Zhang, J., Cado, D., Chen, A., Kabra, N. H., and Winoto, A. (1998). Fas-mediated apoptosis and activation-induced T-cell proliferation are defective in mice lacking FADD/Mort1. Nature *392*, 296-300.

Zheng, L., Fisher, G., Miller, R. E., Peschon, J., Lynch, D. H., and Lenardo, M. J. (1995). Induction of apoptosis in mature T cells by tumour necrosis factor. Nature *377*, 348-351.

Zhou, S., Ou, R., Huang, L., and Moskophidis, D. (2002). Critical role for perforin-, Fas/FasL-, and TNFR1-mediated cytotoxic pathways in down-regulation of antigen-specific T cells during persistent viral infection. J Virol *76*, 829-840.

Zimmermann, C., Prevost-Blondel, A., Blaser, C., and Pircher, H. (1999). Kinetics of the response of naive and memory CD8 T cells to antigen: similarities and differences. Eur J Immunol *29*, 284-290.

Zimmermann, K. C., Bonzon, C., and Green, D. R. (2001). The machinery of programmed cell death. Pharmacol Ther *92*, 57-70.

Résumé.

L'homéostasie lymphocytaire T est directement liée à la dynamique de reconnaissance de l'antigène. La variabilité antigénique et la propriété de réactivité croisée du récepteur des cellules T (TCR) ajoutent une dimension nouvelle à l'étude de la capacité du système immunitaire à se protéger contre les infections et à maintenir un réservoir périphérique de lymphocytes T. Ce processus actif comprenant la survie, la prolifération et la mort cellulaire, est très dépendant de l'interaction du TCR avec son ligand. L'activation des lymphocytes via le TCR ne suit pas la loi du tout ou rien. Ceci a été démontré grâce à l'utilisation d'analogues peptidiques capables d'induire, de manière différentielle, certaines fonctions cellulaires. Mon travail de thèse porte sur le rôle de l'antigène et sa variabilité, dans la prolifération, la différenciation et la migration ainsi que dans la réponse mémoire des lymphocytes T CD4 et CD8, dans des modèles cognitifs ainsi que lors d'infections virales (VIH ou virus de la variole).

Dans un premier modèle murin TCR-Transgénique spécifique du cytochrome c de pigeon (PCC), nous nous sommes intéressés à la dualité des molécules Fas/FasL et caspases dans la prolifération et la mort cellulaire. Nous avons pu montrer que la différence d'intensité du signal délivré par le TCR, soit par des doses variables d'antigène PCC soit par des peptides agonistes faibles, était associée à différents niveaux d'activation des caspases au cours de la prolifération des lymphocytes T CD4 alors que le couple Fas/FasL n'intervient pas dans la prolifération cellulaire.

L'homéostasie de la réponse T CD8 au VIH est étroitement liée à la cinétique de production virale ainsi qu'à la variabilité majeure du virus. De manière à étudier le rôle de la variabilité des épitopes de VIH-NEF dans la réponse CD8, nous avons utilisé le modèle murin HLA-A201-transgénique, CMH-classe I knock-out. Nous avons montré que la stimulation primaire des lymphocytes CD8 par un épitope de VIH-NEF (180-189), détermine la capacité ultérieure des cellules à répondre à des variants de cet épitope. De plus, les cellules CD8 mémoires, spécifiques d'épitopes immunogènes, sont capables de répondre à des épitopes analogues non immunogènes. Ces phénomènes de réactivité croisée partielle permettent le contrôle transitoire de certains variants et devraient conduire à la sélection des variants contre lesquels les capacités de reconnaissance et de différenciation fonctionnelle des cellules T, sont les moins efficaces.

Dans une troisième partie, nous avons étudié le rôle de l'antigène tumoral et de sa variabilité dans la programmation des cellules CD8 à proliférer et à se différencier. Nous avons démontré un nouveau concept, celui de la « programmation à migrer » des lymphocytes CD8 depuis les organes lymphoïdes vers la tumeur. Ceci a été réalisé dans un modèle murin de tumeur syngénique exprimant l'antigène Ovalbumine dont le développement peut être contrôlé par injection de cellules CD8 spécifiques d'Ovalbumine (souris OT-1). Les variants du peptide SIINFEKL de l'Ovalbumine permettent de contrôler le niveau de stimulation des cellules T, leur différenciation et leur capacité migratoire vers la tumeur. Nous avons montré que la distribution de l'antigène dans l'organisme guide les différentes étapes de la réponse cellulaire. La quantité d'antigène présente dans les ganglions suffit pour induire la prolifération des cellules CD8 et permet la programmation des lymphocytes CD8 à migrer au niveau des sites inflammatoires après avoir effectué au moins 4 divisions cellulaires. Cette migration est indépendante de la présence continue de l'antigène, cependant, l'induction des fonctions effectrices (IFNγ et cytotoxicité) n'intervient que sur le site tumoral.

Enfin, l'étude de la réponse mémoire contre le virus de la variole chez l'homme a révélé que dans ce modèle où l'antigène a disparu, 70% des individus présentent une réponse proliférative des cellules T CD4 et CD8 spécifiques de la vaccine et 20% présentent un nombre significatif de cellules effectrices. Nous avons mis en évidence que la persistance de cette réponse rapide dépendait du délai depuis la première vaccination, alors que les rappels de vaccination à intervalles de 10 ans, n'améliorent pas la réponse mémoire effectrice. Cependant, la revaccination récente aboutit à une réponse proliférative et effectrice d'intensité élevée pour la totalité des individus testés.

L'ensemble de ces travaux illustre le rôle de l'antigène et de sa variabilité dans le dynamisme de la réponse immunitaire des lymphocytes T matures.

MIX
Papier aus verantwortungsvollen Quellen
Paper from responsible sources
FSC® C105338

Printed by Books on Demand GmbH, Norderstedt / Germany